U0320935

◎瞿 荣 戴德凤 主编

家政服务员

中国农业科学技术出版社

图书在版编目（CIP）数据

家政服务员／瞿荣，戴德凤主编.—北京：中国农业科学技术出版社，2016.5

ISBN 978－7－5116－2545－8

Ⅰ.①家… Ⅱ.①瞿…②戴… Ⅲ.①家政服务－技术培训－教材
Ⅳ.①TS976.7

中国版本图书馆 CIP 数据核字（2016）第 050879 号

责任编辑	徐 毅
责任校对	马广洋

出 版 者	中国农业科学技术出版社
	北京市中关村南大街 12 号 邮编：100081
电 话	（010）82106631（编辑室） （010）82109702（发行部）
	（010）82109709（读者服务部）
传 真	（010）82106631
网 址	http://www.castp.cn
经 销 者	各地新华书店
印 刷 者	北京市通县华龙印刷厂
开 本	850mm×1168mm 1/32
印 张	4.125
字 数	100 千字
版 次	2016 年 5 月第 1 版 2016 年 5 月第 2 次印刷
定 价	14.80 元

前　言

目前，我国不仅需要有文凭的知识型人才，更需要有操作技能的技术型人才。如家政服务员、计算机操作员、厨师、物流师、电工、焊工等，这些人员都是有着一技之长的劳动者，也是当前社会最为缺乏的一类人才。为了帮助就业者在最短的时间内掌握一门技能，达到上岗要求，全国各个地方陆续开设了职业技能短期培训课程。作者以此为契机，结合职业技能短期培训的特点，以有用实用为基本原则，并依据相应职业的国家职业标准和岗位要求，组织编写了职业技能短期培训系列教材。

本书为《家政服务员》，主要具有如下特点。

第一，选材广泛。本书从家政服务市场的实际需要出发，首先介绍了家政服务人员从业的基本常识，包括职业操守、法律常识以及礼仪规范等；接着详细介绍了基本技能家居清洁、衣服洗涤收藏、家用电视的使用和清洁、家庭餐烹制、家庭护理（含老年人、婴幼儿、孕产妇以及病人）、家庭宠物植物养护、安全防范等。

第二，内容通俗。本书以技能为主要突破点，避免了繁杂的理论叙述。文字简练，深入浅出，清晰地传递着必备知识和基本技能，对于短期培训学员来说，容易理解和掌握，具有较高的实用性和可读性。

第三，资料新颖。本书以当前家政市场的新需求新标准为切入点，所选资料力求最新，以适应当前家政市场技术工具的变迁和广大市民消费习惯的改变的趋势。如介绍了皮质家具的保养、餐具的消毒、新型家用电器的使用等。

相信通过本书的阅读和学习，对家政服务工作会有一个全新的认识和专业能力的提高。

本书适合于各级各类职业学校、职业培训机构在开展职业技能短期培训时使用，也可供家政服务相关人员参考阅读。

由于编写时间仓促和编者水平有限，书中难免存在不足之处，欢迎广大读者提出宝贵建议，以便及时修订。

作 者

2016 年 1 月

目　　录

第一章 家政服务工作认知

第一节 什么是家政服务

一、家政服务的概念

随着经济社会的发展、人民生活水平的提高，人们对家政服务的要求也日益规范化、专业化、系统化。现代家政服务不再是简单的传统意义上的保姆和佣人，而是一项复杂的、综合的、高技能的服务工作。

概括来说，家政服务是指将部分家庭事务社会化、职业化，由社会专业机构、社区机构、非盈利组织、家政服务公司和专业家政服务人员来承担，帮助家庭与社会互动，构建家庭规范，提高家庭生活质量，以此促进整个社会的发展。

二、家政服务的内容

家政服务内容广泛，具体可分为护理型、家庭型、维修型和家教型4种，其中，以护理型和家庭型居多。

1. 护理型

（1）月子保姆。以护理产妇和婴幼儿为主要工作，包括给产妇做营养配餐，指导产妇恢复体能，给婴幼儿洗澡、换尿布以及兼做家居清洁、洗烫、烹调等一般家务。

（2）孕妇、婴幼护理。以产前孕妇护理为主要工作，兼做家居清洁、洗烫、烹调等一般家务。婴幼以照顾1~3周岁以内幼儿为主要工作，兼做家居清洁、洗烫、烹调等一般家务。

（3）老人陪护。以陪护70岁以上的老人为主要工作，兼做家居清洁、洗烫、烹调等一般家务。

（4）医院护理。为家庭病人提供医疗护理和康复指导，陪护病人到医院看病，打点滴。在家庭或医院照料、看护病人。

2. **家庭型**

（1）家政助理。有辅助客户完成家庭办公的能力，包括电话记录、简单文字处理、处理家庭日常账目、订餐、采购等，同时，完成日常家务工作。

（2）家庭厨师。做好家庭的烹饪工作，如做生日宴，年夜饭等。

（3）家宴服务。负责家庭聚会、朋友聚会等活动的菜肴采购、制作以及餐后的整理工作。

（4）家庭保洁。适逢春节或其他时间为家庭进行的专项保洁，包括擦玻璃、擦厨房、卫生间、墙面、地面、门窗等，清洗油烟机、清洁地毯、清洗沙发、木地板上光打蜡、家庭装饰装修后的全面综合清理卫生等。

（5）钟点工。以小时计酬，负责家务劳务和办公室清洁的临时用工。

3. **维修型**

（1）家庭装潢。进行墙面刷白，油漆门窗、房屋补漏、泥木工。

（2）家电维修。安装及修理各种水电、管道、热水器、空调。管道疏通机械疏通各种排水管道，如厕所、马桶、地漏、浴缸、菜池、化粪池。

（3）装修服务。室内外设计装修、新家清洁搬运。

4. 家教型

（1）家教服务。一支由教师和大学生组成的家教队伍提供专业的从小学到高中各学科的家教服务。

（2）家教助理。以辅导、教育学龄儿童为主要工作，负责照顾儿童起居、接送上下学。兼做家居清洁、洗烫、烹调等一般家务。

（3）陪读陪练。专业教师为您提供琴棋书画、汽车驾驶等陪读陪练、陪玩陪聊。

第二节　家政服务员的职业操守

一、家政服务员道德修养

家政服务作为一种新的职业，有它特定的职业道德规范。国家劳动和社会保障部所颁布的家政服务员国家职业标准里明确规定：家政服务员是"根据要求为所服务的家庭操持家务；照顾儿童、老人、病人；管理家庭有关事务的人员"。对家政服务员的职业道德要求有两方面内容：一是职业道德；二是职业守则。

1. 家政服务员职业道德

（1）家政服务员要处理好与家政职业的关系，应做到爱岗敬业。

（2）家政服务员要处理好与用户的关系，要诚实守信、办事公道。

（3）家政服务员要处理好与社会的关系，要有服务群众、奉献社会的精神。

2. 家政服务员的职业守则

（1）遵纪、守法，讲文明、讲礼貌、维护社会公德。

（2）自尊、自爱、自信、自立、自强。

（3）守时守信、尊老爱幼、勤奋好学、精益求精。

（4）尊重用户、热情和蔼、忠诚本分。

二、家政服务员行为准则

1. 要遵纪守法

遵守国家各项法律、法规和社会公德；维护社会的安定和团结；遵守本公司的各项规章制度，维护本公司和顾主的合法权益。

2. 要远离恶习

禁止盗窃、赌博或打架斗殴；禁止打骂或虐待老、幼、病、残、孕人员；热忱周到地为用户服务，视用户如亲人。

3. 要入乡随俗

要尽快熟悉和了解用户家的生活习惯、饮食口味、个人爱好、起居时间等，不刻意要求用户改变其传统生活习惯，要主动适应用户。

4. 要摆正位置

任何时候不要喧宾夺主，用户家人在谈话、看电视时，要主动回避，给主人以私人空间；不经许可不要进入主人卧室，有事先叩门，出去时要轻轻带上门。

5. 要真诚待人

不要欺骗培训中心和用户，不该说的话不说，不该做的事不做；不能打听主人家的私事，禁止泄露其隐私；不要和其他家政服务员说长道短，更不能在用户之间传闲话。

6. 要注意安全

对用户的贵重物品及不会使用的电器未经本公司指导和用户允许严禁使用，确保用户的财产安全；严禁与异性成（青）年人同居一室；不与不相识的人乱拉关系，严禁带朋友在用户家中食宿或停留；严禁擅自外出，禁止夜不归宿；自己的人身安全及合法权益受到侵害时，要及时与本中心联系，禁止擅自处理。

7. 要洁身自爱

未经用户同意禁止使用其通信工具、音响和电脑设备，禁止趁用户不在时用电话聊天或打长途电话，更不能把用户的电话号码泄露给其他家政服务员和老乡；用户在与不在都不准看电视；未经用户同意严禁翻阅用户的东西，更不得使用用户的专用生活用品和贵重物品。

8. 要谨慎从事

工作要小心，如损坏用户家的东西，要主动认错，切不可推诿责任；工作期间若与用户发生意见分歧，无论何种原因均应告知本中心，并等待本中心予以解决。

9. 要不懂就问

用户的叮嘱和交代要记清，因为语言的原因，未听清和未听懂的一定要问清楚，不要不懂装懂。如事情太多，可记录在纸上。

10. 要勤俭节约

要主动协助用户节约水、电、煤气等各种开支；帮用户采购日常生活用品时，需货比3家；要做好日常开支日记账，不得虚报冒领。卖废品、废物的钱要如数上交用户，不得私自占为己有。

11. 要遵守合同

要按合同办事，不得自行要求增加工资；禁止无故要求换户或不辞而别；禁止主动或暗示向用户索取财物，不能向用户索要赠物或红包；禁止向用户借钱或物；如果家政服务员与用户解除劳务关系，在离开用户家庭前，要主动打开自己的行李让用户检查，以示尊重。

三、家政服务员职业心态

良好的心态，是一个人具有良好精神风貌的核心。如果一个人心态差，自私自利，虚伪狡猾，就不会有好的精神风貌，更不可能给人以良好的印象。一个家政人员最基本的要求是要有良好的职业心态。

1. 要诚实

诚实是做人的基本品质，也是家政人员应有的品质。对自己的缺点和不足要正视，不要掩盖，应做到表里如一，让人信赖。有些人员，为了得到别人的好感或满足自己的虚荣心，故作姿态，表现虚伪。这虽然可能一时获得别人的好感，但最终必将为家庭所疏远。

2. 要有正义感

生活中，要一身正气，不惧邪恶，正直为本。当遇到非正义行为发生时，对实施非正义行为的人要进行积极的劝说和制止，必要时，以自己的勇敢和机智同非正义行为作斗争。

3. 不贪不义之财，不乱动不应动的东西

在雇主家，不触摸翻动与工作无关的家用电器、不擅自翻阅雇主的物品，桌上的纸条、报纸、花束、仪器等若没有雇主吩咐，不能随便扔掉，更不要随便拿用或拾取雇主的任何物品，包括雇主扔掉的。不可乘工作之便挪用雇主的钱财、贵重物品。这一点是家政人员必须要做到的，也是做人的基本道德。不要因一时贪心，而丢失了人格，害人害己。

4. 强烈的工作责任感

要在做好基本工作的基础上，设身处地地多为雇主着想，认认真真把每项自己应做的工作做得有条不紊、次序井然，让雇主对自己工作满意。尽一切努力把事情做得圆满，解除雇主的后顾之忧。

5. 对工作有耐心，对人有爱心

对于每一个人来说。真诚热心地对待您所服务的对象，是受人欢迎的。相反，如果虚情假意，言行不一，讽刺挖苦、不尊重他人，说别人的闲话，甚至恶语伤人，这些都会使人感到你不能与人为善，而不愿与你共处。"将心比心"，用自己的善良与爱心、真挚地为雇主服务，一定会为雇主所希望和欣赏的。

四、家政服务员人际关系

1. 人际关系的定义

人际关系是人与人之间在活动过程中直接的心理上的关系或心理上的距离。人际关系反映了个人或群体寻求满足其社会需要的心理状态，因此，人际关系的变化发展决定于双方社会需要满足的程度。人在社会中不是孤立的，人的存在是各种关系发生作用的结果，人正是通过和别人发生作用而发展自己，实现自己的价值。

2. 人际关系的作用

（1）幸福感。研究表明，结婚的人或有朋友的人，他们生活得更幸福些，原因可能是他们所获得的人际关系发生了作用。人际交往是人类社会中不可缺少的组成部分，人的许多需要都是在人际交往中得到满足的。如果人际关系不顺利，就意味着心理需要被剥夺，或满足需要的愿望受挫折，因而会产生孤立无援或被社会抛弃的感觉；反之，则会因有良好的人际关系而得到心理上的满足。

（2）心理健康。心理上的疾病往往由紧张所引起。研究表明，社会支持可减少或防止心理紧张所造成的心理伤害。有些设计精巧的研究表明，社会支持与心理健康的联系是由于人际关系对心理健康发生了作用。在绝大多数场合下，社会支持和高度的自我尊重可以保有一个健康的心理世界。

（3）身体健康。协调而亲密的人际关系有利于身体健康，尤其是在手术后的康复阶段更需要人们多关心。

3. 人际交往的一般原则

（1）平等原则。在人际交往中总要有一定的付出或投入，交往的两个方面的需要和这种需要的满足程度必须是平等的，平等是建立人际关系的前提。人际交往作为人们之间的心理沟通，是主动的、相互的、有来有往的。人都有友爱和受人尊敬的需要，都希望得到别人的平等对待、人的这种需要，就是平等的需要。

（2）相容原则。相容是指人际交往中的心理相容，即指人与人之间的融洽关系，与人相处时的容纳、包涵、宽容及忍让。要做到心理相容，应注意增加交往频率；寻找共同点；谦虚和宽容。为人处世要心胸开阔，宽以待人。要体谅他人，遇事多为别人着想，即使别人犯了错误，或冒犯了自己，也不要斤斤计较，以免因小失大，伤害相互之间的感情。只要干事业、团结有力，做出一些让步是值得的。

（3）互利原则。建立良好的人际关系离不开互助互利。可表现为人际关系的相互依存，通过对物质、能量、精神、感情的交换而使各自的需要得到满足。

（4）信用原则。信用即指一个人诚实、不欺骗、遵守诺言，从而取得他人的信任。人离不开交往，交往离不开信用。要做到说话算数，不轻许诺言，与人交往时要热情友好，以诚相待，不卑不亢，端庄而不过于矜持，谦逊而不矫饰作伪，要充分显示自己的自信心。一个有自信心的人，才可能取得别人的信赖。处事果断、富有主见、精神饱满、充满自信的人就容易激发别人的交往动机。博取别人的信任，产生使人乐于与你交往的魅力。上述这些人际交往的基本原则，是处理人际关系不可分割的几个方面。运用和掌握这些原则，是处理好人际关系的基本条件。

第三节　家政服务员的法律常识

家政服务员必须遵守国家的有关法律法规，对《中华人民共和国宪法》《中华人民共和国刑法》和《中华人民共和国未成年人保护法》要有所了解。

一、中华人民共和国宪法

宪法是国家法律体系的基础和核心，具有最高的法律效力，是根本法。宪法规定了国家的根本任务和根本制度，即社会制度，国家制度的原则和国家政权的组织及公民的基本权利和义务。家政服务人员，必须理解以下两个方面，切实做到尊重客户的宗教信仰自由、民族传统和风俗习惯，婚姻家庭、财产权以及人身权利等。

1. 公民在法律面前一律平等

公民在法律面前一律平等，是我国公民的一项基本权利，其含义是指，我国公民不分民族、种族、性别、职业、家庭出身、宗教信仰、教育程度、财产状况、居住期限等，都一律平等地享有宪法和其他法律规定的权利，也都平等的履行宪法和其他法律规定的义务。

2. 公民享有人身自由权利

《宪法》规定我国公民的人身权利作为一项基本权利，包括公民的身体不受非法限制、搜查、拘留、审问和侵犯，公民的人格尊严不受侵犯，禁止用任何方法对公民进行侮辱、诽谤和诬告陷害，公民的通信自由和通信秘密受法律的保护，正常情况下，任何组织和个人不得以任何理由侵犯公民的通信自由。

二、中华人民共和国刑法

2011 年刑法修正案，是目前最近《刑法》。作为家政服务人员，应当主动学习、了解、掌握相关的法律条文，一是有效地利用法律武器保护自己的人身安全；二是能够提醒自己始终做一个知法、懂法、守法的合格公民。

家政服务人员，要切实做到"遵守法纪、尊重雇主、诚实守信、忠于职守"。

（1）不要翻看雇主的东西，更不要将喜欢的东西据为己有，一旦出现上述问题将受到刑事处罚。不要损坏雇主家中的物品，特别是贵重物品（如古字画等），损坏物品要如实向雇主讲明，不要隐瞒或销毁。

（2）现在许多物业小区大多数家庭均已经安装监控系统，家政服务员要洁身自爱，不要存在侥幸心理，否则，难逃法律的制裁。

（3）为了确保安全，家政公司通常在家政服务员办理入职手续前已上网验查身份证并照相留底，一旦家政服务员有不合法行为发生，公司会即该将相关资料传送至家政服务员户籍所在地的公安机关和相关单位。为了自己及家人的声誉与前途，切记任何时候任何地点勿生贪念，否则，将遗恨终生。

三、未成年人保护法

家政服务员有一项重要工作是照顾婴幼儿。婴幼儿是未成年人，所以要了解《未成年人保护法》并遵守，重点掌握以下 2 个方面。

1. 要维护未成年人的合法权益

有的家政服务员认为婴幼儿小，不会讲话，所以自己不高兴或者婴幼儿不听话的时候就打他，有的甚至虐待他，这是犯法的。未成年人的合法权益受法律保护，家政服务员要记住：孩子永远是孩子，要允许孩子犯错误。不能因孩子犯错误而吓唬、打骂、体罚孩子。

2. 要尽心尽职履行服务职责

未成年人缺乏自卫、自护的能力，看护未成年人的家政服务员一定要尽心尽职履行服务职责，不论是在家还是外出路上及游玩场所都不能离开孩子，防止意外发生。

四、妇女权益保障法

《妇女权益保障法》是尊重和保障妇女权益的法律。该法规定男女平等，妇女享有同男子一样平等的权益。妇女的政治权利、受教育的权利、劳动的权利、婚姻家庭的权利、人身自由的权利等受法律保护。

家政服务员学习《妇女权益保障法》时，应重点掌握以下3个方面。

1. 女家政服务员要保护好自己

女家政服务员要坚持"自尊、自信、自立、自强"的精神，洁身自爱，服务中要避免与男主人单独相处，对用户的不正当要求要严词拒绝，勇于用法律保护自己的合法权益。

2. 家政服务员要尊重妇女的权益

家政服务员要尊重妇女的权益，维护家庭的和睦与稳定，不论男女服务员都始终不要忘记自己的职责，不能做第三者插足用户的家庭。

3. 提高自身素质，杜绝家庭暴力

家庭暴力是家庭成员中实施的暴力行为。家政服务员要不断提高自身素质，杜绝家庭暴力，做维护家庭和睦、稳定的优秀成员。

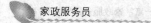

第四节　家政服务员的礼仪规范

一、仪容姿态

家政服务人员在一个家庭中，活动最频繁，有时还会常常与人打交道，这就要求家政服务人员具备起码的素质。无论是个人仪容，还是体态行为，都要大方得体。

1. 个人仪容

（1）无论在家里或在外，均应保持整洁、干净、清爽的个人形象，要做到四勤："勤洗手、勤剪指甲、勤洗澡、勤换衣服"。

（2）所有服务人员均不得梳理各种怪异发型，不得留长指甲，不得涂抹指甲油。尽量不化妆，如化妆不得浓妆艳抹并避免使用气味浓烈的化妆品，宜淡妆，保持清新、雅致。

（3）着装简单、大方、得体，忌过分裸露，忌过分透露，忌过分艳丽。睡衣仅在自己的卧室里穿着，不得穿睡衣及比较外露的衣服在客厅走动、工作、外出。

（4）不吃异味食品，饭后漱口，保持口腔清洁，无异味。切忌在他人或食物跟前打喷嚏、咳嗽，特殊情况可扭头捂嘴。

（5）起床后应精神饱满，不要无精打采，不要有眼屎。及时到洗手间洗脸洗手。去过洗手间后，切记常洗手。

2. 姿态行为

（1）站姿。站立应挺直、舒展、收腹，眼睛平视前方，嘴微闭，手臂自然下垂。这样的站姿给人一种端正、庄重、稳定、精神抖擞、朝气蓬勃的感觉，站立时要尽量避免歪脖、斜腰、屈腿，尤其是撅臀、挺腹。这样的形体动作会给人留下轻浮、缺乏教养的印象。

（2）坐姿。入座时，动作应轻而缓，从容自如，轻松自然。不可随意拖拉椅凳，身体不要前后左右摆动。背部要与椅背平行，并膝或小腿交叉端坐，给人以庄重、矜持的感觉。双手放于膝盖上，不可两腿分开。

（3）走姿。与客户或长者一起行走时，应让客户或长者走在前面，并排而行时，让他们走在里侧。走时应尽量避免步子太大或大小，步子太大，不雅观，步子太小显得拘谨。身体不要左右摆动，那样会给人一种轻佻、缺少教养的印象。也不要将双手插入裤袋或反背于背后。

（4）目光。目光要温和，忌讳歪目而视。如果是在一两米的近距离范围内，扫视别人的目光不能超过3秒钟，否则别人就会产生疑心或反感。

（5）手势。家政服务员应该避免的几种错误手势。

①指指点点。在工作中，家政服务员不要用手对别人指指点点。

②随意摆手。不要随便向对方摆手。这些动作是拒绝别人或极不耐烦之意。

③端起双臂。端起双臂这一姿势，往往是傲慢无视或置身事外看别人笑话的样子。

④抚弄手指。反复抚弄自己的手指，有种恐惧或神经质的感觉。

⑤手插口袋。有心不在焉的感觉。

⑥搔首弄姿。令人觉得不正经。

⑦抚摸身体。当众搔头、挖鼻、剔牙、抓痒、抠脚等都应克服。

（6）公共场所中的行为。在行为举止中还要讲究公共道德，无论行路、乘车、逛商店、公园；还是在影剧院、医院都要自觉维护公共秩序、公共设施、公共卫生、公共安全，为创建整个社会的精神文明贡献力量。

二、礼仪礼节

1. 称呼

称呼雇主为先生（太太）。对客户家的小孩称呼：可先称呼宝宝，后称呼名字。对主人的父母如年龄差别不大，可称呼为：大哥（大姐），如年龄大的多，可称之为：大伯、大妈、爷爷、奶奶。最常见的称呼：小姐、先生、太太、大伯、大妈、爷爷、奶奶。

2. 接电话礼仪

（1）接听及时。听到电话铃声应立即停下手中的工作去接听，一般不要让电话铃响过 3 遍。如果电话铃响过了 3 遍后应向对方道歉："对不起，让您久等了"。

（2）拿起电话机后应说："您好，这是××的家"，然后再询问对方要联系的人和来电的意图等。

（3）有礼貌地请被叫的人来接听电话，若被叫的者不在，应做好记录，等其回来后立即告知。电话交流时要认真理解对方的意图，必要时要对通话内容重复一遍，请对方确认，以防误解。

（4）电话内容讲完，应等对方结束谈话再以"再见"为结束语。对方放下话筒之后，自己再轻轻放下，以示对对方的尊敬。

3. 就餐礼仪

（1）洗手、仪容整洁，无乱发、指甲短而平，无污垢。

（2）铺好桌布，碗、碟、筷等摆放正确到位。

（3）端汤和端饭的姿势要安全，切记不要把手浸泡其中。

（4）请雇主用餐：××先生、××小姐（爷爷奶奶）晚餐已准备好，现在就可以用餐了。

（5）告诉雇主今天的菜是什么菜，合不合口味，如果不合味下次尽量做好。

（6）自己要轻落座，喝汤、吃饭时不要发出声音，夹菜时筷子不能伸到雇主面前，上菜时有剩菜上到自己面前，最好主动放一双公筷夹菜。

（7）看到雇主碗空时问："请问是否再来一碗饭或汤"。忌说"要不要饭"。

（8）饭后收拾碗筷要轻拿轻放，不要在雇主一家都吃好了，你一个人在吃（除非有幼儿的家庭，一定要主动先喂幼儿后自己吃）。

4. 待客礼节

（1）有客来访，如果是事先约定，就应做好迎客的各种准备，如个人仪容仪表，居室卫生，招待客人用的茶具，烟具以及水果、点心等。

（2）听到敲门声，要迅速应答。对于不熟悉的来访者要问清来访者的姓名及来访目的等。确定安全之后，再开门迎客。

（3）客人进来时，要面带微笑向客人礼貌问候，并把客人带进客厅，热情招呼客人落座。

（4）待客人坐下后，应为其敬茶、递烟或端上其他食品。给客人送茶或饮品，要放在托盘上，用双手放在客人面前的茶几上，上茶时，先宾后主，轻声说：请用茶，一般应用双手，一手执杯柄，一手托杯底，向客人敬茶。切记：给客人倒茶时壶嘴绝不能对着客户。

（5）与客人谈话时站姿与坐姿端正，禁止左顾右盼，低头弯腰或昂头叉腰。用心聆听客人谈话，不抢话，不中途插话，不与客人争论，不强词夺理，说话要有分寸，语气温和，语言要文雅。不得询问有关客人的经历、收入、年龄等，对奇装异服或举止奇特的人不好奇、不羡慕。

（6）如客人在家中就餐时，要精心准备，服务周到，如主人和客人要求自己入席，必须将所有备餐工作做完方可。与雇主家庭成员及客人外出同桌就餐时，不得抢占主宾、主人位，应礼貌让他人先入座，如有小孩，要主动照顾小孩，菜肴上桌时，不能首先品尝。

（7）当雇主与客人交谈时，则应回避。雇主不在家时，如果客人是雇主交代好的亲戚、客人，可向客人说明雇主不在，应为其敬茶、递烟或递上其他食品或拿出一些杂志给客人浏览，不将客人撇在一边，只顾自己看电视或做家务，如果是陌生人应将其电话或名片留下，并问清有什么事，可代为向雇主转达。

三、生活细节

1. 家政日常生活"十不要"

（1）不要轻易到邻居家去串门，即便有时必须去，也应取得雇主同意。

（2）不要故意引人注目，喧宾夺主，也不要畏畏缩缩，自卑自贱。

（3）不要对别人的事过分好奇，再三打听，刨根问底，更不要去触犯别人的忌讳。

（4）不要搬弄是非，传播流言蜚语。

（5）不能要求旁人都合自己的脾气，需知你脾气也并不合每一个人，应学会宽容。

（6）不要服饰不整、肮脏、身上有异味，反之，服饰过于华丽、轻佻也会惹得旁人不快。

（7）不要毫不遮掩的咳嗽、打嗝、吐痰等，不要当众整理、修饰容貌衣物等。

（8）不要长幼无序，礼节应有度。

（9）不要不辞而别，离开时，应向雇主告辞，表示谢意。

（10）做错了事情要如实地讲，以后注意纠正。

2．家政服务员应注意的生活细节

（1）忌乱动雇主家人的贵重物品。

（2）忌背着雇主找吃的，特殊情况自己量力而行。

（3）忌偷听雇主说话，来了客人招待后应主动回避，家庭成员议论的事不参与、不传话。

（4）不要带外人、老乡到雇主家。

（5）雇主房间门关闭时，进屋要先敲门。

（6）摆放物品要有条理，轻拿轻放。

（7）除了夜晚，平常不锁自己住的房门。

（8）购买东西一定要钱物相符，一定要记账。

（9）不要和邻居议论雇主家事。

（10）不要和小区内其他家政服务人员议论家长里短。

四、生活习俗

1．处理好服务关系

（1）初到雇主家，如身上带有较多现金或贵重物品，应主动告知雇主，以免日后发生误会。

（2）要了解雇主成员的习惯、口味、生活特点及其他要求。

（3）不懂要勤问、勤学、勤记，不懂不要装懂，不会不要蛮干。

（4）贵重物品不要乱动，物品摆放位置要有条理，不要乱放。做错了事要及时讲明，以后改正，不要隐藏。

（5）不要刚到就到处打电话。

（6）雇主家私事不要问，不乱插话，不传闲话，不偷听。不要对外人讲雇主家的事。

（7）购买东西记账、报账，不准谎报、虚报。

（8）吃饭时要吃饱，不要背着人找吃的，特殊情况除外。

（9）有事要请假，记住雇主家的方位、周围的标志。

（10）入乡随俗，尽快了解雇主家老人、小孩的生活方式、习惯、称呼、忌讳等。

2. 处理好与雇主之间的关系

（1）男性雇主。当面对男性雇主时，应该在尊重他们的同时，注意自己要自重。在服务男性雇主的时候，首先自己的态度要端正。只有自己心端行正，认真工作，才能赢得雇主的尊重。除了以端庄娴静的优良品质和勤勤恳恳、兢兢业业的服务态度赢得男性雇主的信任和尊重外，还要注意和男性雇主保持适当距离，既不能走得太远，又不能走得太近。

（2）女性雇主。面对女性雇主时，应该真诚相待，心态平和。和女性雇主相处时，一是说清来历，让其有安全感，最好的办法是出示自己所在地区的证明及身份证；二是要会说话，让她有亲切感。同时，要处理好与她先生的关系，照料好她的孩子，用实际行动使对方相信自己。

（3）小主人。当面对小主人时，要关心呵护。在与孩子相处的过程中，千万不能因为对方年纪小就存在轻视之心。要对孩子有爱心，只有把孩子当做自己的亲人，甚至当成自己的孩子，才会对其无微不至地关怀。

（4）老人。面对老人时，要尊重、细心。家政服务员首先要从内心把对方视为自己的家人，诚心尊重、真心服务、热心问候、虚心请教。有的病人、老人会有寂寞感，喜欢与人说话，此时，家政服务员要善解人意，耐心地与其聊天、解闷增趣。人老之后，很忌讳"老、病、死"等字眼，因此在言谈中要尽量回避，让病人、老人尽量保持舒畅的心情。

（5）挑剔雇主。对于爱挑剔的雇主，要尽量把事情做到无可挑剔的程度。如果雇主对其家人一样挑剔。家政服务员就不要为此猜疑。雇主爱挑剔的事，家政服务员可以在做之间耐心向其请教指导的，做完后向其汇报。当雇主挑剔过分时，家政服务员也不要急于发作，可以说："很抱歉！""对不起"等客气话，待其心情平静后，再心平气和地解释。

第二章　家居清洁卫生

第一节　熟悉清洁用品

一、常用清洁剂

1. 酸性清洁剂

酸性清洁剂的 pH 值小于 7，多为液体。此类清洁剂有一定的杀菌、去臭功效，还可去除碱性污垢，如物体表面的石灰渍、水泥渍、水垢及卫生间的顽固性尿渍、氧化金属渍。在家庭保洁中，酸性清洁剂主要用于卫生间的清洁。

家庭常用的酸性清洁剂有过氧乙酸、卫生间清洁剂（洁厕灵、洁厕净、洁厕剂、厕清）等。此类清洁剂一般可直接倒在物体上使用，不用稀释。

2. 中性清洁剂

中性清洁剂的 pH 值约等于 7，有液状、粉状、膏状等。此类清洁剂具有除污保洁的功效，因其不腐蚀和损坏任何物品，在家庭中使用较多，但对于顽固性污渍的去除效果不理想。

家庭常用的中性清洁剂有用于日常清洁的多功能清洁剂。

3. 碱性清洁剂

碱性清洁剂的 pH 值大于 7，有液状、粉状、乳状、膏状等。此类清洁剂能很好地去除物体表面的各类酸性污垢、机械油污和动、植物油渍等，在家庭保洁中，主要用于厨房的清洁。

家庭常用的碱性清洁剂有碱性洗衣粉、碱面、洗涤剂、玻璃清洁剂等。

　　此类清洁剂使用时首先要加入一定量的水稀释，然后再直接清洁物品。

　　厨房里使用的洗涤剂有两大类：

　　一类是清洗餐饮用具、蔬菜和瓜果的洗涤剂，如市场上销售的洗涤灵、洗洁精、洗洁剂、浸洗剂、餐具净等。这类洗涤剂呈弱碱性，对皮肤的刺激作用小，但可残留在餐具表面，所以，用后一定要用清水反复冲洗。

　　另一类是清洗灶具和油烟机油垢的清洗剂，如市场上销售的厨房去油剂、厨房重油污清洗剂等，这类清洗剂碱性较强，易伤手，使用时不要直接用手接触，最好戴乳胶手套，否则对皮肤有损害。

　　用于清洗普通油垢时，应先加以稀释，然后倒在要清洗的物体表面或倒在抹布上擦洗；清洁重油垢时，先均匀地洒上清洗剂，停留十几分钟，再用抹布或刷子或旧报纸擦洗。

　　肥皂和洗衣粉不能用于洗涤餐饮用具和炊具。

温馨提示

　　（1）厨房使用的清洁剂不要与卫生间的清洁剂混用。

　　（2）在使用清洁剂时，不能把几种清洁剂混合在一起使用，以免发生化学反应。

　　（3）各种清洁剂、消毒剂使用后要放在固定的地方，不要与食品放在一起，特别是家中有小孩时，要放在小孩不易拿到的高处，以免误食。

　　（4）酸性清洁剂、碱性大的清洗剂、未经稀释的消毒剂对皮肤有刺激和腐蚀作用，应避免接触皮肤，如果溅到皮肤上或溅入眼睛内，应立即用大量清水冲洗。

二、常用保洁工具

1. 清洗工具

（1）扫帚。用于清扫地面较大碎片和杂物的工具。

（2）簸箕。用于撮起集中的垃圾，然后倒入垃圾容器内的工具。

（3）拖把。用布条或棉纱安装在手柄上制成，是用于室内地面清洗工作的工具。

（4）挤水器、清洗桶。与拖把配套使用，用于清洗室内地面的器具。

（5）玻璃清洁器。用来清洁各种门窗玻璃及镜面的工具。

（6）吸尘器（电动真空吸尘器）。一种用来吸集地面、墙壁、地毯、家具以及衣物上的灰尘和脏物的家用电器。

2. 收集容器

收集容器是用做收集垃圾、废弃物的容器。主要有垃圾桶、废物箱（废纸篓）等。清洁时穿戴的外套、口罩、胶皮手套、防滑鞋，防尘帽、套袖等。

第二节 家居常规保洁

一、墙立面的保洁

1. 墙面的保洁

（1）刷漆墙面的清洁。发现墙面有脏迹要及时擦除。对于耐水墙面可用布擦洗，洗后用干毛巾吸干即可；对于不耐水墙面可用橡皮等擦拭或用毛巾蘸些清洁液拧干后轻擦。

对于一些墙体比较结实，或者难以擦干净的特殊污渍。可以用细的砂纸把污渍轻轻磨掉，再用墙漆刷稍微修补一下最为妥当。

（2）瓷砖墙面的清洁。对于一般的污渍，可用柔软干抹布处理，遇到必须用水清理的污渍，建议使用浸湿后拧干至不滴水的抹布清洁。清洗后最好马上打开门窗，让空气流通，吹干瓷砖墙面水气。在潮湿天气里，可用干布再擦一次，然后开空调除湿。

如果瓷砖上或缝隙上的油污实在很厚，可先用铲子铲一下，或用钢丝球先清洁一下。待污渍弄薄后，用含酸性或含溶解成分的清洁剂来进行清洁。

在油污较重的瓷砖上粘贴防油污贴纸，在瓷砖的缝隙处使用美缝剂，涂在瓷砖的接缝处，既美观又耐油污。

（3）壁纸的清洁。壁纸一般分为以下几类：PVC胶面壁纸，纯纸基产品，纯无纺布产品，纯天然材质产品。根据不同材质的壁纸有不同的清洁保养方法。

①PVC胶面壁纸清洁：不宜使用温水清洁。

②纯纸基壁纸清洁：纯纸壁纸可分为原生木浆纸和再生木浆纸。原生木浆纸相对韧性比再生的好，表面相对较为光滑。纯纸的壁纸耐水性较弱，清洁表面最好不要用湿布。

③天然材质类壁纸清洁：由于天然材质的色彩多为染缸染色而成，因此，壁纸色彩保持度不高，用水清洁壁纸会出现明显掉色现象，建议采用干的毛巾或鸡毛掸清洁壁纸。

④无纺布壁纸清洁：无纺布因具有布的外观和某些性能又称为"不织布"。清洁不织布应用鸡毛掸掸去灰尘，再选用干净的湿毛巾采用黏贴的方法维护清洁。

2. 门窗的保洁

清洁门窗时，要注意门窗上的玻璃、把手、边框都擦干净。

（1）门框、窗框的清洁主要是除尘擦拭，注意要先除尘、后再擦拭。清洗玻璃时，应使用专业玻璃清洁剂，清除各种玻璃门窗，镜面上的污渍。

（2）纱窗去污时，可用洗衣粉与香烟头用水溶解后擦洗，纱窗上的污物即可洗净。因为，烟中的尼古丁，可把纱窗上的微生物清除掉。

（3）清理百叶窗时，可在橡皮毛套的外面上麻布手套，并将麻布手套沾上清洁剂，手一排一排地擦拭百叶窗片，万一麻布手套弄脏了，只要用洗手的方式将麻布手套搓洗干净即可，最后再换一副新的麻布手套，蘸上清水，将附有清洁剂的百叶窗擦干净（清洁百叶窗时动作要轻巧，以免破坏百叶窗或绳子）。

（4）铝合金窗户的窗沟里，若积有许多灰尘，可用油漆刷子将灰尘刷集一处，再用吸尘器吸。窗沟里的脏污不太严重时，以水擦拭即可。水擦不掉的污垢，用尼龙刷子蘸清洁剂刷洗，即可刷干净。

二、地面的保洁

地面的保洁是一项具有周期性的清洁工作，特别是家庭地面，几乎每天都要进行地面的打扫和保洁。

1. 地面清扫的基本方法

（1）清扫前的准备工作。

①明确清扫任务：家政服务员在进行清扫工作之前，一定要对将要进行的工作有所了解。自己将清扫什么样的地面，是土地、砖地、水泥地、地板块、木板地或是其他地面，这都是应事先要了解的。

②准备好清洁工具及用品：根据要清扫的地面的类别及地面上污染的情况，准备好必需的清洁工具及物品：一般常用的清扫工具及用品有笤帚、拖布、抹布、水桶、簸箕、吸尘器、去污粉、清洁剂、煤油等。

（2）正确的清扫擦拭方法。

①用笤帚清扫地面的方法：一般家庭使用的笤帚有长把和短

把之分。使用长把笤帚，应双手握住木杆，一般人是右手在下，左手在上，虎口向下的握法。使用短把笤帚，可用右手握住笤帚的上端，扫地时必须将腰弯下。使用笤帚扫地时，笤帚要轻拿轻放，不要扬起很高，否则，会弄得尘土纸屑满天飞，这既不卫生，又扫不干净。

②用拖布清洁地面的方法：擦地时应双手握住拖布的木杆，一般人是右手在前，左手在后，虎口向下的握法。涮拖布时可用双手握住木杆端部，将拖布在水池中上下抖动，直至将拖布涮净为止。拧拖布时，应一手握住木杆下部，一手抓住拖布，左右手朝相反方向拧，直至将水拧干为止。拖布擦地的方法是：身体前倾，双手握住拖布木杆，一般人是右手在前，左手在后，右脚在前，左脚在后。也可以根据擦拭部位不同，随时变换双手、双脚的前后位置。擦地时拖布应按由左至右或由右至左、由前变后的顺序用力擦拭。这样的擦法才能保证将地面擦拭干净。

③用吸尘器清洁地面的方法：使用吸尘器工作时应身体前倾，双手握住吸尘杆。将吸尘器的吸尘口水平贴于地面，按由左至右或由右至左或由前至后的顺序不停地移动，直至将地面清洁干净。

（3）正确的清扫及擦拭顺序。无论是使用笤帚扫地，还是使用拖布擦拭地面，或是使用吸尘器吸尘，都应当遵循这样的顺序：从里到外，由角、边到中间，由小处到大处，由床下、桌底到居室较大的地面，依顺序倒退着向门口清扫。

温馨提示

（1）扫地时如尘土太多可在地面上先洒点水，或在笤帚上沾点水，然后再扫。

（2）拖布擦地时，应保持拖布清洁，刚擦完地时最好不要进入屋内，以免影响擦拭效果。

（3）家用吸尘器连续使用时间不能超过1小时，以免电机发热而烧坏。吸尘器不能吸液体、黏性物体和金属粉末。

2. 不同地面的清扫方法

熟悉了地面清扫的基本方法，还要掌握具体地面的清扫方法。不同的地面类型只有使用不同的方法，才能达到最佳的保洁效果。

（1）地板砖地面。先用笤帚将表面污物清扫干净，再用潮湿的抹布或拖布，按照清扫顺序反复擦拭直至干净为止。由于瓷砖吸水性能极差，擦拭时抹布或拖布最好拧成半干状态。此类地面应注意不要使用重物、硬物砸碰地面，以免地砖破碎。

（2）水磨石地面。先用笤帚将表面污物清扫干净，再用潮湿的拖布，按照清扫顺序反复擦拭，直至擦拭干净为止。注意不要使重物、硬物砸到地面，以免破坏表面光洁度和完整度，而影响美观。

（3）花岗岩地面。先用笤帚或吸尘器将表面污物清扫干净，再用潮湿的拖布或抹布擦拭或蘸煤油或专用清洁剂擦拭均可。这类地板注意不要被重物、硬物碰砸，以免破碎。

（4）木质地板。可先用软笤帚或吸尘器将地表面污物扫净，再用半干的拖布或抹布蘸煤油或专用地板清洁剂按照清扫顺序擦干净。木地板应每3～6个月打一次蜡，这样可使木地板保持光亮，延长寿命。木地板注意防潮湿，怕火、怕尖硬的划砸。

（5）复合地板。这类地板以上各种清洁方法和保养方法都适用，同时它的禁忌也少。

（6）地毯地面。地毯地面是指由化学纤维地毯或者羊毛纤维地毯铺设而成的地面。

化纤地毯的清洁，可直接用笤帚轻轻的扫，将存在表面的纸屑脏物扫掉，然后用潮湿的抹布擦拭，可除去一些尘土，也可将化纤地毯拿到居室外面，挂在绳上用清水直接冲洗干净，待晾干后，拿进居室。或使用吸尘器进行除尘。

纯毛地毯的清洁，可将地毯放在阳光下照晒，再用木棍轻轻敲打，将灰尘尽量除去或用吸尘器除尘。通过阳光的照晒也可杀死部分细菌。如果纯毛地毯比较脏可送到干洗店做彻底清洗消毒。

三、家具的保洁

1. 家具保洁的基本方法

（1）擦拭前的准备。

①了解家具材质特性：家政服务员在擦拭家具之前，一定要对所擦拭家具的特性有所了解。根据家具的材质不同及保养要求，采用不同的擦拭方法。目前，我国家具种类很多，按照材料和制作工艺可分为：真皮系列、原木系列、钢木系列、聚酯系列和竹藤系列。家中常用的家具主要有床、桌、椅、凳子、衣柜、书柜、衣架、梳妆台、沙发、茶几等。

②准备好擦拭工具及清洁用品：如一般家庭常用的抹布、脸盆、鸡毛掸子、刷子、清水、清洁剂等。

（2）清洁家具的一般方法。家具的擦拭有干擦和湿擦之分。干擦就是用干的软布轻轻擦拭家具。例如，皮沙发的擦拭。湿擦就是用干净的湿抹布擦拭家具。一般家具均可先用干净的湿抹布轻轻擦拭；后再用干的抹布擦净即可。油污较多的餐桌或其他家具，可以用清洁剂擦拭，然后用干净的抹布擦净即可。不同用途的抹布不能混放、混用，以避免家庭中的污染。擦拭过程中水要经常换，抹布要经常洗涤，保持清洁，不然只能是越擦越脏。

（3）清洁家具的一般顺序。先擦净处后擦脏处，由高处擦向低处，由上部擦向下部，由里边擦向外边，先桌面后桌腿。遇有摆放的饰品饰物时，先擦拭后摆放。

（4）家具玻璃擦拭。玻璃的污迹主要是灰或水迹。可用报纸揉成一团反复擦拭，既快又不留痕迹。用潮湿的棉纱、软布及干净的黑板擦擦玻璃效果也不错。也有用剖开的土豆片擦拭玻璃的，效果也很好。在严寒的冬季，不要用热水擦玻璃，以免玻璃炸裂。门窗玻璃可按照同样的方法擦拭。擦楼房玻璃一定要采取安全保护措施后，才可擦拭。

2. 真皮沙发的保洁

（1）对新购置的真皮沙发，首先用清水洗湿毛巾，拧干后抹去沙发表面的尘埃以及污垢，切忌用水洗或用汽油揩。再用护理剂轻擦沙发表面一至两遍，在真皮表面形成一层保护膜，使污垢不易深入真皮毛孔。

（2）要避免利器划伤皮革。如果使用不当导致皮革表面出现小裂痕、磨花，可用鸡蛋清磨墨汁，彩皮可用相应的水彩颜料，反复涂抹，待干透后再擦上皮衣上光剂或凡士林；如果裂痕相对较大，则用百得胶等优质黏合剂均匀地涂在划破口子的两边，待8～10分钟后，拉紧破口处，对齐黏合，最后用橡皮擦去残留在破口处的胶迹。

（3）要避免油渍，圆珠笔、油墨等弄脏沙发。如发现沙发上有污渍等，应立即用皮革清洁剂清洁。

（4）沙发的日常护理用拧干的湿毛巾抹拭即可，大约2～3个月用皮革清洗剂对沙发进行清洁，或用家用真空吸尘器吸除沙发表面灰尘等。

（5）要避免阳光直射沙发，如客厅常有阳光照射，不妨隔一段时间把几张沙发互调位置以防色差明显；如果湿度较大的地方，可以利用上午8：00～10：00的弱太阳光照射7天，每天1小时，约3个月做一次。

3. 红木家具的保洁

（1）红木家具在室内摆放的位置应远离门、窗、风口等空气流动较强的部位，不要受到阳光的照射。

（2）冬季不要摆放在暖气附近，切忌室内温度过高，一般以人在室内穿着毛衣感觉舒适为宜。

（3）春、秋、冬3个季节要保持室内空气不干燥，宜用加湿器喷湿，室内养鱼、养花也可以调节室内空气湿度。夏天来临，要经常开空调排湿、减少木材吸湿膨胀，避免榫结构部位湿涨变形而开缝。

（4）保持家具整洁，日常可用干净的纱布擦拭灰尘。不宜使用化学光亮剂，以免漆膜发黏受损。为了保持家具漆膜的光亮度，可把核桃碾碎、去皮，再用三层纱布去油抛光。

4. 其他家居用品的保洁

家居用品包含的内容非常多，有日常生活用品、居室用品、穿戴用品、家具和家用电器等多种品类，这里我们只介绍灯具和挂饰摆饰的清洁方法。

（1）清洁灯具。

①灯罩：不同质地的灯罩可用不同的清洁方法。丝织品可用湿洗或干洗的方法清洁，也可用吸尘器吸尘清洁。湿洗时可先将灯罩放在水中冲洗，而后用刷子蘸上洗涤剂刷洗。最后再用清水冲洗，晒干即可。有的丝绸类不便湿洗，可用软布蘸点汽油反复涂擦油污处即可去污。棉麻织品也可参照上述方法，塑料灯罩直接用水擦冲即可。

②擦拭"灯泡、灯管"：擦前要先拔去电源插头，然后用湿布擦净尘土即可。如果灯泡上烟熏油污较重，可用食醋或剩茶叶水清洁。注意应使灯泡的金属片保持干燥。

（2）清洁挂饰、摆饰。

①摆饰、挂饰的清洁要根据各种饰物的不同质地来进行。

②各种织物挂饰：一般厚重纯棉、纯毛的挂饰不宜用水洗，可用吸尘器除尘或干洗。也可以晾在阴凉通风处，用棍轻轻敲打除尘。

③各种金属饰品：一般用软布即可擦去灰尘，若是污垢较重，可用湿布蘸少量洗涤剂擦拭，若是金属饰品有锈迹，可用细砂纸轻轻磨去锈迹再进行清洁。

④各种瓷制品：瓷制品都不怕水，可用潮湿的布擦拭，小件的可直接用水冲洗，另外，对瓷制品要轻拿轻放，以免损坏。

⑤各种塑料制品：塑料制品一般不怕水，用湿布擦拭，清水直接冲洗，洗涤剂清洗，刷子刷洗均可。但不要用汽油、酒精清洗。

⑥各种字画：清洁悬挂在墙壁上的字画时用鸡毛掸子轻轻拂去表面灰尘即可。

温馨提示

（1）擦拭家具时，特别是搬动高档家具时应特别小心，防止碰撞，以免损伤漆皮或边角。

（2）擦拭家具时，一定要保持抹布的清洁。不同用途的抹布要分开使用。

第三节　各居室的保洁

一、卧室的保洁

卧室是人们每天必须待的地方，是养足精神和保持干劲的地方。一天 24 小时，至少 8 小时与卧室相伴，长期不清洁，难免带来一些健康问题。

1. 卧室保洁内容

卧室保洁内容包括：卧室吊顶、卧室墙面（包括门窗）、卧室地面及卧室内家具等物品保洁等。

2. 卧室保洁程序

（1）空间保洁程序。应按从上到下、从里到外的程序进行操作。

①从上到下程序：即依次保洁卧室吊顶、墙面、家具（其他物品）和地面。

②从里到外程序：即保洁部位的起始点，应从卧室的最里端开始，所谓卧室最里端是相对卧室门而言的，卧室门口为卧室的最外端，如卧室内有阳台，则卧室保洁应从阳台开始。

（2）卧室家具保洁程序。如居室主人示意家具内部也要保洁，则应从家具内部最上端开始保洁操作，家具内部保洁完毕后，再从家具外部最上端开始保洁家具外部。简单地讲，单件家具保洁程序是：由内而外、从上到下。

3. 卧室保洁注意事项

保洁员工在保洁卧室时，应遵循下列注意事项，体现出良好的职业道德。

①不能有意或无意地窥视居室主人的隐秘，未经居室主人示意或同意，保洁员工不得擅自开启家具抽屉和橱门进行保洁操作。

②不擅自移动卧室内物品和衣物，如确需移动，应征得居室主人同意后方可移动；保洁完毕后，应将移动的物品和衣物放回原处。

③不能顺手牵羊，将居室主人的物品窃为己有，即使居室主人有意赠送，保洁员工也应婉拒。

④保洁员工保洁动作不宜太大，以免损坏卧室内家具或灯具。

⑤保洁卧室吊顶时，应用干净塑料布或类似物品罩住卧床，以免浮尘污染卧床。

二、客厅的保洁

客厅的吊顶、墙面、地面保洁与卧室基本相同，但客厅因会客、就餐的需要，通常还设有鞋柜、地垫、电话等，而这些物件的保洁方式具有一定的特殊性。

1. 鞋柜保洁

先将鞋类拿出来，然后用掸子或干抹布从上到下清除鞋柜内的灰尘，用拧干的清洁抹布擦拭鞋柜内部，再用干抹布擦干水迹，保洁完毕后，最好打开鞋柜门通风 20～30 分钟后再将鞋类放回原处。

2. 地垫保洁

把地垫拿到室外抖掉沙尘，先用温水刷洗地垫，也可用按说明要求稀释的全能清洁剂水溶液刷洗（需再用清水洗干净），保洁完毕后将地垫晒干或风干，再放回原处。

3. 电话保洁

拿起听筒，用干抹布擦拭听筒、话筒和机身即可。

而对于居住跃层的客户，室内的扶梯，其扶手和护栏的保洁，应根据装饰材料参考有关内容以选择不同的保洁方法，一般是从上往下，先护栏、再扶手，最后对扶梯踏步进行全面保洁。

4. 电脑清洁

在使用电脑前后应洗净双手，首先，使用别人的电脑后在没有洗手之前最好不要揉眼睛、掏鼻孔，不要在操作电脑时吃东西。其次，最好购买键盘薄膜塑料套，使用电脑前将其覆盖在键盘上并定期更换，以减少键盘污染和传播疾病的机会。最后，最好不要使用患有传染性疾病者的电脑，以免致病。

三、厨房的保洁

1. 餐具的清洁与摆放

（1）餐具的清洁。一般餐具可直接用清水冲洗干净，擦干放好待用。如果沾有油腻，可将餐具浸入碱水、淘米水、剩面汤中，或是将洗涤剂滴入水中刷洗，然后用清水冲净。也可采用开水煮的方法。

洗涤的顺序是：先洗不带油的餐具后洗带油的餐具，先洗小件餐具后洗大件餐具，先洗碗筷后洗锅盆，边洗边码放。

小孩及病人用的餐具应单独洗涤码放。

（2）餐具的摆放。

①按类分别摆放：碗和碗放在一起，盘和盘放在一处。同一类的要按照大小及形状的不同，顺序放好，注意小心摆放，防止磕碰、摔坏。如盘子有浅盘、深盘、鱼盘，应依次摆放。

②按照餐具用途摆放：经常用的放在橱柜外面，伸手就能拿到，不常用的放在里面，用时再拿。

无论怎样摆放都一定要注意尊重用户家的摆放习惯。这样即使你不在，别人也很容易拿取使用。

2. 炊具的清洁

（1）铁制炊具：铁制炊具容易生锈，因此，用完要马上清洗。可直接在水龙头下，用吹帚刷洗。如果铁锅有腥味，可以在锅内加水放些菜叶一块煮开，倒掉水冲净即可除腥。铁锅洗净后要用净布擦干以免生锈。

（2）铝制炊具。铝锅脏了，可趁热擦洗。用湿布擦去表面污物，经常擦可使铝锅明亮如新。另外，也可将铝锅放在热水中，用家禽羽毛擦洗。注意不可用盐水或碱水擦洗。

（3）不锈钢炊具。用过的炊餐具要及时清洗、擦干，放在能通风干燥处；不要使餐具受潮，更不要长期用水浸泡，对有水迹的餐具，最好不要让其自行干透，应及时用软布擦去水迹；不要用硬质物擦洗餐具，以免划伤炊餐具。

（4）刀具和案板的清洁。

①洗涤保养菜刀：刀用完后必须用洁布擦净，长期不用应涂一层油，以防生锈。刀生了锈可以浸在淘米水中，然后擦净除锈。也可以用萝卜片或土豆片、葱头片除锈。刀沾上鱼腥味，可

用生姜片或葱、蒜擦，即可去腥。砍骨头、剁鱼时，应另备一把砍刀，最好不用菜刀。

②菜板的保洁：菜板最好用木制的，但木质的有拼缝或蛀孔，容易孳生病菌。所以，要经常洗刷浇烫。夏天空气潮湿，菜板容易生霉，每次用完，最好置一通风处晾干，以防产生真菌。菜板可直接用清水冲洗，也可用开水烫，还可用刀刮。

3. 屉布、揩布的清洁

厨房中常用的屉布，要天天清洗干净，并晾晒干放好待用，如有油腻，可用碱水煮或用洗涤剂洗涤。

4. 碗柜的清洁

碗柜是存放餐具的地方，这里应该经常进行擦拭清洁，以保持干净，避免餐具二次污染，可每日用清洁抹布擦拭碗柜的表面和隔层，如果隔层上有垫纸，垫纸应经常更换。应定期将碗柜内的物品取出，用洗洁剂彻底清洁一次。碗柜应注意防蛀、防鼠、防蟑螂。

5. 煤气灶与液化气灶的清洁

煤气灶与液化气灶的使用环境比较恶劣，要受烟熏、火烤、油煎、尘积，往往很快就会沾上油污和积碳且难以清洗。

（1）及时清洁。随用随擦，这是最简单的方法。不然溢出的糊汁、溅出的油迹会硬黏结在灶具上，那样就不易清洗了。

（2）用纸擦拭。平时不用的废报纸，可积攒起来放在橱柜上边，待灶具沾上油点或汤汁时，马上擦拭，比用抹布吸水性强，使用也方便，用完就可以丢掉了。

（3）除油腻。煤气灶、液化气灶具的油腻可以用肥皂水或漂白粉溶液清洁擦洗，也可用墨鱼骨擦。

（4）除锈迹。灶具生了锈，可先用硬刷子把铁锈刷掉，再将适量的石墨粉（化工商店有售）用水调匀，然后用软刷子蘸着石墨粉糊汁在灶具上均匀地刷即可除锈。

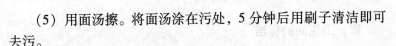

（5）用面汤擦。将面汤涂在污处，5分钟后用刷子清洁即可去污。

煤气灶与液化气灶表面和内部的油污与积碳，也可用专用清洁剂进行清洁。

6. 油污纱窗的清洁

（1）烘烤去污。将纱窗卸下，放在炉子上均匀加热，然后翻转过来，用同样的方法处理一遍，再将纱窗平放在地上冷却后再用扫帚将两面脏物扫掉，即可去油污。

（2）火烧去污。将纱窗卸下，悬空至于房前空地上，在底下放进一些废纸，然后点着废纸，待废纸燃烧时烧去油迹，如此反复下去，直到将油腻烧成干灰，再用扫帚或小木棍轻轻拍打纱窗，即可使其干净如初。用此种方法一定要慎重，防止发生火灾。

（3）水刷洗。将纱窗卸下，用刷子蘸着去污剂刷洗，不过要注意防止生锈。

7. 油污玻璃的清洁

厨房里的玻璃常常被油烟熏黑，不易清洗，可以用抹布蘸些湿热的食醋擦拭。也可以在玻璃上先涂一层石灰水，水干后用布擦拭即可。还可用醋与食盐的混合液来刷洗。另外，也还可用布蘸煤油或白酒擦拭去污，或使用一些清洁剂擦拭也可以达到较佳的清洁效果。

8. 油污地面的清洁

（1）用醋拖地。如果地面油污较多，可以在拖布上倒一些醋再用它拖地，地面就可擦得很洁净。

（2）用碱水擦。如果是小面积的污迹可用布蘸点碱水擦拭。

（3）用洗涤灵擦。用洗涤灵可除去地面污迹，不过应该注意要用清水洗净。

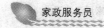

家政服务员

四、卫生间的保洁

不同家庭的卫生间在格局上有所不同，但基本的设施大致相同，在对卫生间进行清洁时可参照以下几个步骤。

1. 墙面的清洁

卫生间中的墙面一般都是瓷砖，在擦拭中可用洗涤灵或去污粉对好水，用一块海绵垫或是一块毛巾蘸少量水擦拭。擦拭完后用清水冲净，再用干布擦净即可光洁明亮。

2. 水池和浴盆的清洁

对卫生间中的水池、浴盆可用去污粉进行清洁擦洗，擦洗完后再用消毒液进行消毒。

3. 马桶的清洁

在清洁过程中应先把马桶内放入适量的水，拿马桶刷清洗一遍后，再倒入 5~10 毫升的卫生间清洁剂或盐酸液用刷子涂均匀后刷洗，如污垢较重，可再倒少许清洁剂进行浸泡后刷洗，直至干净，接着用清水冲干净即可。

4. 地面的清洁

先按照墙面去污的方法进行清洗，再用拖布把地面擦拭干净。

第四节　日常消毒

一、餐具消毒

1. 蒸汽消毒

将餐具按照大小清洗干净后摆放到一个干净的大笼屉上，盖上盖子，加火蒸。当水沸腾后，再继续蒸 20~30 分钟。采取自然冷却法，将餐具冷却。使用时一定不要再用脏抹布擦拭，使得餐具被污染而再次成为传染源。

2. 煮沸消毒

将餐具洗干净后，放入一个大的锅中，加入自来水，水的深度要没过餐具。加火煮沸，开锅后继续煮 30 分钟，自然冷却后，即可以使用。

3. 利用太阳光紫外线消毒

太阳光紫外线具有较强的杀菌能力，如果上述方法不能采用时，可以将餐具洗净后，在烈日下暴晒 40 分钟以上，可以起到消毒杀菌的作用。晾晒时，要注意不要被尘土和蚊蝇污染。

二、居室消毒

1. 通风暴晒消毒

利用日光暴晒消毒是最简单的自然消毒方法之一。在一切光照中，对人体健康最为有益的是太阳光。经常打开门窗，让阳光折射或反射；被、褥放到阳光下暴晒，以达到杀菌、消毒的目的。在暴晒时，要把被暴晒物放在日光下直射，衣物、被褥要铺开，并应反复翻动，保证面面晒到。常用日光消毒的物品有：衣服、被褥、垫子等。

2. 熏蒸消毒

也可以采用食醋熏蒸的方法消毒室内空气。首先要将门窗紧闭，以每立方米 10 毫升的食醋加同等量的水，倒入锅内或搪瓷碗内，放在火上加热、熏蒸。冬天也可以放在暖气上或暖气旁边，不仅起到杀菌的作用，还可以加湿空气。30 分钟后开窗通风。

3. 微波消毒

有些日常用品也可采用微波炉进行消毒。方法是，打开微波炉，放入被消毒物品，定时两分钟后取出，就可起到消毒的作用。

4. 化学制剂消毒

利用消毒液消毒也是家庭中经常使用的方法。要根据消毒液的使用说明进行消毒，将消毒液倒入水中，用抹布经常擦拭家具及卫生间用具。

5. 煮沸消毒

煮沸是家庭较常用的消毒方法之一，具有简便易行、消毒灭菌效果可靠等特点。煮沸消毒时应用带盖、清洁的金属容器。本方法适用于金属、玻璃、陶瓷等。煮沸的方法是在煮沸消毒容器内或类似的器皿（如锅、盆等）中，加入凉净水，放入被消毒物品，然后加热，从水沸开始计算时间，一般煮沸30分钟。若要杀灭细菌芽孢、真菌孢子及肝炎病毒等应煮沸1小时以上。利用高压消毒：将被消毒物放入高压锅内加热，可起到消毒的作用，但注意远离易燃物。

6. 消毒柜消毒

消毒柜可对餐具、茶具、酒具进行消毒。使用时要先将餐具洗干净，水倒净。放入消毒柜时餐具之间要留有空隙，这样才能取得良好的消毒杀菌效果。

三、居室杀虫灭鼠

1. 居室杀虫灭鼠的流程

（1）了解虫害种类。虫害主要包括：蚂蚁、蟑螂、蚊子、苍蝇、老鼠。

（2）购买药品。灭蟑蚁饵、杀虫剂、电蚊液、杀鼠剂等。

（3）投放。投放选择：滞留喷洒，胃毒方法。

（4）投放顺序。从外向里、从轻向重、从上到下。

（5）投放地点。胃毒选择角落。

（6）观察虫害情况。观察是否有毒杀的害虫，数量多少，判断虫害的密度。

2. 居室杀虫灭鼠的注意事项

（1）药品可到药店或疾病控制中心指定地点购买。

（2）药品投放要防止小孩或宠物吞食。

（3）药品投放应注意防潮，以免影响药品效果。

第三章　衣服洗涤收藏

第一节　洗涤织物的分类鉴别

一、洗涤织物的分类

1. 从质地上分

从质地上分，可分为棉麻织品、丝织品、毛织品、化纤织品等。

2. 从功能上分

从功能上分，可分为内衣、外衣、套装、大衣、婴幼儿衣物、居室织物等。

3. 从色彩上分

从色彩上分，可分为白色衣物、浅色衣物、深色衣物、易褪色衣物等。

二、洗涤织物的鉴别

鉴别洗涤织物通常有感官鉴别法、燃烧法、显微镜观察法和化学溶解法等。这里主要介绍感官鉴别法和燃烧法。

1. 感官鉴别法

感官鉴别法是通过手摸、眼看来鉴别纤维和织品。手摸是鉴别织物的柔软性、弹性和褶皱情况；眼看是看纤维或织物的光泽、粗细、长度、弯曲形态等。

各类织品纤维特点如下。

棉：纤维具有天然卷曲，纤维较细而短，长度可达38mm左右，弹性较差，手感柔软，光泽暗淡。

羊毛：纤维粗长，呈卷曲状态，弹性好，有光泽，手感温暖。其织品揉搓时不易折皱，手感滑爽挺括。羊毛通常是指绵羊身上卷曲的毛和山羊身上直状毛。

羊绒：指的是山羊皮上的底绒。与羊毛相比，羊绒手感更为柔软、光滑、细致。

蚕丝：蚕丝在天然纤维中最长最细，强度较好，手感柔软而光滑细腻（柞蚕丝比桑蚕丝略粗），手摸有冷凉感，在干燥和湿润状态下拉断蚕丝，所用的力无明显区别。

麻：纤维细长，强度大，质地粗糙，缺少弹性与光泽，其织品手感粗硬，有冷凉感。

人造纤维：纤维强度低，润湿后易折断，弹性较差，断头处呈散乱的纤毛物状，手紧握织品后迅速放松，其皱折多而明显。

锦纶：纤维强度高，回复伸长率大，不易拉断，织物弹性较人造丝、蚕丝好，手感粗糙。

涤纶：织物弹性最好，不折不皱，手感挺滑（俗名的确良）。

腈纶：织物蓬松性好，手感柔软有毛料感，但色泽不柔和，手感干燥，弹力较低。

维纶：织物弹性较差，易折易皱，丰感较硬，色泽不鲜艳。

2. 燃烧鉴别法

剪一块小布条或扯几根纤维点着燃烧，根据观察纤维燃烧时，有无收缩及熔融，燃烧难易，火焰颜色，燃烧速度，味道、灰烬颜色和性状来判断。

在燃烧前，可先把抽出的经纱或纬纱捻开看看它们是长丝还是短纤维。如果是短纤维，而长短不一的就是棉、羊毛等天然纤维；如果纤维长短一致，则是黏胶纤维或合成纤维。如果是长丝，就可能是黏纤丝或蚕丝。两者的区别是黏纤丝比蚕丝亮一些，再用舌尖将丝湿润，如湿的地方容易拉断就是黏纤丝，如果不断在湿的地方，就是蚕丝。不论纤维干湿都不易拉断，那就是合成纤维。然后再进行燃烧鉴别。

各类织品纤维燃烧鉴别时的特点如下。

棉麻：燃烧较快，火焰高，能自动蔓延，留下少量柔软的白色或灰色灰烬，不结焦。麻类纤维在火焰中燃烧时有爆裂声。

羊毛：燃烧不快，火焰小，离火即熄灭，燃烧后有蛋白质臭味，灰烬呈卷曲状，黑褐色结晶，膨松易碎。

蚕丝：能燃烧但不延烧，遇火后卷缩成一团，燃烧时有嘶嘶声，燃烧后有蛋白质臭味，与羊毛相似，烧后成黑褐色小球状物，手触易碎成粉末灰状。

黏胶纤维：近焰即燃，有烧纸气味，留下微量灰色灰烬，易分散飞扬。

尼龙纤维：燃烧前先熔融，离火后自灭，燃烧时略有芹菜味，燃后留下坚硬黄色圆球状灰烬。

涤纶：燃烧时纤维卷缩，一面燃烧，一面冒烟、火焰呈黄色，有微弱甜味，燃烧后留下黑褐色硬块。

脂纶：边熔化边缓慢燃烧，白色火焰较明亮，有时略有黑烟，并有微弱鱼腥味，灰为黑色圆球状。

维纶：燃烧时纤维熔融迅速收缩，燃烧缓慢，火焰小，呈红色，有花甜味，灰为褐色硬块。

氯纶：难燃烧，接近火焰时收缩，燃烧时出火即熄灭，有氯气刺鼻臭味，灰为不规则的黑色硬块。

丙纶：一面卷缩，一面熔化燃烧．火焰明亮，呈蓝色，有略似燃沥青气味，燃烧后灰烬成浅黄褐色。

温馨提示

所有天然纤维燃烧后的灰烬都是一碰就碎；从气味上，植物性纤维有焦煳像烧纸一样的气味，动物性纤维有烧头发味，而化学纤维燃烧后的灰烬都是结成团状硬块，不具备前两种烧纸或烧头发气味。

第二节　衣服洗涤的方法

一、衣服洗涤的一般方法

1. 手洗

（1）适合手洗的衣物。主要有内衣内裤、高档棉织衬衫、丝织类衣物、婴幼儿衣物及洗涤标志明示要手洗的衣物等。

（2）手洗衣物的步骤。

①先用温水浸泡脏衣物，让衣物充分湿透，但不宜浸泡时间过长，尤其是特别脏的衣物，泡的时间越长，越难洗净。一般浸泡的时间为 15 分钟左右，水温不超过 40℃为最佳状态。

②洗衣物要有重点，衣物的袖口、领口一般比其他部位脏，应多加些洗涤剂，重点揉搓。

③将衣物的水挤去以后再洗下一遍，如此重复清洗几次，直到干净为止。

2. 机洗

（1）对于全自动洗衣机可按"洗涤菜单"进行相关选择。

（2）对于半自动洗衣机可按下列步骤进行。

①先向洗衣机水桶内注水至选择的水位，再加入适量的洗衣粉或洗涤剂，待溶后再投入衣物。

②通过水流转换开关选择机洗类型，如标准洗、强力洗等。

③顺时针转动洗涤定时器，按照衣物材质和脏净程度选择时间。

④洗完后再漂洗2～3次，每次漂洗2～3分钟，直至干净。

⑤把洗完的衣物均匀放入脱水桶内，放好脱水桶压盖，盖好桶盖。

⑥停机后，取出衣物晾晒。

3. 干洗

（1）干洗的流程。干洗也叫化学清洗法，是指用化学洗涤剂，经过清洗、漂洗、脱液、烘干、脱臭、冷却等工艺流程，从而去除污垢脏渍的方法。干洗一般为专业性较强的工作，因此在家庭不易操作。

（2）适合干洗的衣物。

①西服、大衣等衬料、里料和垫肩的衣服要干洗，否则，会影响穿着效果。

②缩水很严重的麻织类衣服。

③易掉色的衣服。

④真丝类和羊绒类等质地精细、易受损的衣服。

⑤裘皮、天然皮革、天然皮草、纯羊绒材料必须干洗。

⑥套装要干洗，否则，易出现颜色差异。

温馨提示

洗涤衣物前，首先看衣物类织物面料的性能以及洗涤的标志；然后确定要手洗、机洗、还是干洗以及水温的确定。

注意内外衣要分洗，不同质地的衣物要分洗，白色、浅色、深色、易褪色也要分洗。

洗涤顺序应先洗浅色衣的，再洗深色衣物；先洗牢度强的，再洗牢度差的衣物；先洗新衣物，再洗旧衣物。

二、不同材质衣物的洗涤

1. 纯棉

建议使用专门的洗衣皂和洗涤剂，注意深浅颜色衣服分开洗，不宜暴晒。

2. 针织衫

冷水轻柔少搓，为了保持色泽，可在水中加点醋，平摊阴干。

3. 雪纺

洗涤时应该将产品装饰部分分开洗涤，切忌大力揉搓。

4. 真丝

水温要求冷水20℃以下，衣服翻过来洗。真丝不穿时应及时清洗，不宜放樟脑丸，否则容易脆化。

5. 聚酯纤维

因面料对热非常敏感，所以，建议用温水进行洗涤。而浸泡时间不宜过长，不宜与深色衣物混洗。

6. 皮衣

对于一般的污垢，可用湿毛巾擦拭，或用皮革清洁剂或中性洗涤剂洗涤，建议到皮衣专业护理机构进行保养。

7. 毛呢大衣

平时喷上清水去味，如不小心蹭上脏东西，一定要立刻清洁，回到家中再用布蘸少量中性洗涤剂擦拭。

8. 羽绒服

少污迹可用毛巾蘸汽油轻轻擦拭，手洗时使用中性洗涤剂，切忌拧干。

三、特殊群体衣物的洗涤

1. 婴幼儿衣物的洗涤

（1）要使用婴幼儿专用洗涤剂，并要彻底漂净。

（2）不能和成年人的衣物混洗。

（3）婴幼儿的衣物要勤换勤洗，有污渍要第一时间清洗，有血渍、奶渍、汗渍忌用热水洗；陈旧污渍应先对其处理后，再用淡氨水洗净。

（4）阳光下晾晒。

（5）新衣服洗了才能穿。

2. 病人衣物的洗涤和消毒

（1）病人衣服洗涤，重点在消毒。可使用稀释过的消毒水浸泡；也可使用市面上销售的衣物除菌液等消毒；还可以使用紫外线灯照射杀菌消毒，但要避免照射到人及眼睛。

（2）病人的衣物在洗涤时，应先处理血渍、污渍等，然后按常规的洗衣方法。

（3）清洁用具专用，并注意洗涤后的消毒，以防交叉感染。

3. 宠物衣物的洗涤和消毒

宠物衣物的洗涤与病人衣物的洗涤和消毒相同。

第三节　衣服的晾晒与收藏

一、衣服的晾晒

衣服的晾晒原则应该根据不同面料、不同颜色采取不同的晾晒方法，衣服才能保持不变形，不掉色。

1. 纯棉、棉麻类面料服装

这类服装一般都可放在阳光下直接摊晒，因为这类纤维在日光下强度几乎不下降，或稍有下降，但不会变形。不过，为了避免褪色，最好反面朝外。

2. **毛料面料服装**

洗后也要放在阴凉通风处，使其自然晾干，并且要反面朝外。因为，羊毛纤维的表面为鳞片层，其外部的天然油胺薄膜赋予了羊毛纤维以柔和的光泽。如果放在阳光下暴晒，表面的油胺薄膜会因高温产生氧化作用而变质，从而严重影响其外观和使用寿命。

3. **羊毛衫、毛衣等针织面料衣物**

为了防止该类衣服变形，可在洗涤后把它们装入网兜，挂在通风处晾干；或者在晾干时用两个衣架悬挂，以避免因悬挂过重而变形；也可以用竹竿或塑料管串起来晾晒；有条件的话，可以平铺在其他物件上晾晒。总之，要避免暴晒或烘烤。

4. **化纤类面料衣服**

化纤衣服洗毕，不宜在日光下暴晒。因为，腈纶纤维暴晒后易变色泛黄；锦纶、丙纶和人造纤维在日光的暴晒下，纤维易老化；涤纶、维伦在日光作用下会加速纤维的光化裂解，影响面料寿命。所以，化纤类衣服以在阴凉处晾干为好。

5. **丝绸面料服装**

洗好后要放在阴凉通风处自然晾干，并且最好反面朝外。因为，丝绸类服装耐日光性能差，所以，不能在阳光下直接暴晒，否则，会引起织物褪色，强度下降。颜色较深或色彩较鲜艳的服装尤其要注意这一点。另外，切忌用火烘烤丝绸服装。

二、衣服的熨烫

1. **基本熨烫原则和顺序**

（1）熨烫的原则。先烫反面，再烫正面；先烫局部，再烫整体。

（2）上装的熨烫顺序。分缝＞贴边＞门襟＞口袋＞后身＞

前身＞肩袖＞衣领。

（3）裤装的熨烫顺序。腰部＞裤缝＞裤脚＞裤身。

（4）衬衫的熨烫顺序。分缝＞袖子＞领子＞后身＞小裆＞门襟＞前肩。

2. 不同衣物的熨烫方法

（1）衬衫熨烫方法。

①衣领：将衣领正反两面拉平，从领尖向中间熨烫，对领背重复刚才动作，再将衣领从线缝处折叠后熨烫，对其定型。趁热再用双手的手指把衣领捺成弧形，把折后衣领的中间部位烫牢，衣领的立体感即刻呈现出来。

②袖口：将衬衫的前襟合上，背部上平铺在熨案上，把两袖的背面分别烫平后再熨烫袖口；最后翻过来把两袖的前面烫平。

③袖管：把袖管平铺在熨案上，对准袖管中间接缝处拉平，熨斗来回烫平即可。

④前片和后背：左手拉住衬衫门襟最上方，右手用熨斗从下摆至托肩一次烫平，注意一定要铺平熨烫。

（2）毛衣熨烫方法。毛衣针织质料这一类的衣服，如果直接用熨斗去烫会破坏组织的弹性，这时候最好用蒸气熨斗喷水在皱褶处；如果皱得不是很厉害，也可以挂起来直接喷水在皱褶处，待其干后就会自然顺平；还有一个方法是挂在浴室中，利用洗澡的热蒸气使其平顺。

（3）长裤熨烫方法。将裤子翻过来，口袋掀开，先烫裤裆附近；其次是口袋、裤角和布缝合处；接着烫正面，然后是右脚内侧、右脚外侧、左脚内侧、左脚外侧；最后把两管裤角合起来修饰一番。

（4）领带熨烫方法。熨领带时，可先按其式样，用厚一点的纸剪一块衬板，插进领带正反面之间，然后用温熨斗熨。这样不致使领带反面的开缝痕迹显现到正面，影响正面的平整美观。

熨烫时，熨斗温度以 70℃ 为佳。毛料领带应喷水，垫白布熨烫；丝绸领带可以明熨，熨烫速度要快，以防止出现"极光"和"黄斑"。

若领带有轻微的折皱，可将其紧紧地卷在干净的酒瓶上，隔一天皱纹即可消失。

三、衣服的收藏

衣服收藏前，应确保干净、干燥再收藏。

1. 棉麻植物衣物的收藏

先将衣物洗净叠放平整，深、浅色分开存放。带有金属物（如拉链、裤带扣、金属纽扣）的最好用塑料袋包装好后再收藏。

2. 毛料衣物的收藏

毛料衣服存放前应去掉污渍和灰尘，并保持清洁干燥，再放入箱柜内。

3. 毛线及毛织衣物的储藏

先将衣物洗净晾干，然后用白布或白纸隔开包好，以免绒毛黏附到其他衣物上，并放些樟脑丸等防虫剂，最后存放于箱柜内。存放后的衣物，为防虫蛀，每月最好透风 1～2 次。

4. 化纤类衣物的收藏

化纤衣物一般不易变形，可随意存放，但有些化纤衣物不宜长时间悬挂于衣柜中，因为，长期吊挂会使衣物伸长，所以，比较适宜洗净熨烫后叠放。

5. 丝绸类衣物的收藏

丝绸织品易长霉、生虫、变色，收藏时首先要清洗干净，在通风处晾干，最好熨烫一遍。收藏在衣箱内，衣箱要保持清洁干燥，这类衣物怕压，可放在其他衣物上层或用衣架挂起，衣箱内适当放些防虫药剂和干燥剂。丝绸纤维需要透气，储藏时最好不要长时间放在塑料包装内，可用旧被单或绵纸包住存放。

第四章 家用电器的使用与清洁

第一节 洗衣机的使用与清洁

一、洗衣机的摆放

洗衣机应水平安装在干燥、牢固的平地上，避免阳光直射，安装可靠的接地线，工作地点附近不可存放可燃气体，排水延长管不要超过 5 米，管口不应高于地面 20 厘米，以免引起排水不畅。

二、洗衣机的使用

1. 洗衣机的使用方法

关于洗衣机的正确使用方法可参考第三章第二节中的介绍，这里不再重复叙述。

2. 使用洗衣机的注意事项

（1）洗衣前要取出口袋中的硬币、杂物，有金属纽扣的衣服要将金属纽扣扣上，并翻转衣服，使金属纽扣不外露，以防在洗涤过程中金属等硬物损坏洗衣桶及波轮。

（2）使用洗衣机时一次洗衣的量不能超过洗衣机的规定量。

（3）洗涤过程中，不能关掉水龙头，否则，洗衣机不会自动完成运转程序。

（4）不要让洗衣机通电空转；不要把手伸到正在运转的洗

衣机里；不要在洗衣桶转动时投放衣物；不要在脱水或甩干过程中打开洗衣机盖。

三、洗衣机的清洁

（1）拔下插头、切断电源、排净污水，用清水清洗机桶，用干布擦干洗衣机内的水滴和积水，防止机内水分滞留使金属零件生锈。

（2）一般情况下，洗衣机外部用湿软布轻轻擦拭，当其特别脏时，用浸有中性肥皂或肥皂水的软布轻轻擦拭。

（3）定期清理过滤网内的杂物。

温馨提示

不能在洗衣机上直接泼水，或者用稀释剂、清洁剂、煤油、汽油和酒精等进行擦拭。如果需要使用化学药剂，需严格遵照药剂的使用说明进行。

第二节　电冰箱的使用与清洁

一、电冰箱的摆放

（1）置于坚固而水平通风处，后面离墙大于 300 毫米，侧面离墙大于 200 毫米。放好电冰箱后，可调整箱脚的水平调整螺钉，调好水平，保持平衡。避免电冰箱工作时出现摇晃，增加噪音。

（2）选择干燥、清洁的地方放置，否则，湿气容易使电冰箱凝露、生锈，电气绝缘性能降低。灰尘容易使冷凝积灰，散热不良。

（3）要远离热源，不受日光直射，通风良好。电冰箱可放置在小铁架上，将电冰箱稍微垫高，有利于冷空气从箱底流入，使箱背后受热空气上升，改善冷凝器的自然对流散热条件，有利于电冰箱散热，表面亦不易变色。

二、食品的储存

在电冰箱中，各个不同部件的温度是不相同的，温度的差异与箱内冷气流动有关。因此，用电冰箱储存食品要注意以下几点。

（1）配置接地良好的专用插座，不可使用并联插座，避免引起电源线发热、烧坏。使用时插紧电源插头，经数分钟后检查冰箱是否运行。

（2）冷藏食物不宜过多堆积，且必须按食物所需不同冷藏温度分别存放，食物之间应留有一定空隙，以利冷空气交换对流。荤腥食物应用塑料袋或保鲜纸包裹储存，以避免有异味相互污染影响，又利保持鲜度。热的食物应冷却后再放入冰箱。

（3）放入冰箱的食品要用食品袋或保鲜膜包好，食品间留有空隙。热的食品待冷却至室温后放入，不需要冷藏的食品不要存放在冰箱内。

（4）食品要按保质期要求存放，电冰箱虽能延长食物的保存期，但超过期限，食物仍会变质，因此，要避免存放过久。遇到停电，要尽量少开箱门。如突然停电要拔下电源插头，待10分钟后再插上。

（5）蔬菜、水果放入蔬菜盒内，啤酒等瓶装食品勿放在冷冻室内，防止冻裂发生意外。不能用湿手触碰冷冻室内的食物和容器，谨防冻伤。

（6）遇到停电，尽可能不要打开冰箱，以延长食品保鲜时间。如事先知道停电时间，则应将温控器调节至"冷"的位置，使冰箱达到最大冷冻温度。或预制大量冰块，以利冷藏食品的保鲜。

三、电冰箱的清洁

（1）定期对冰箱内部进行清洁，门封磁条上的污迹要及时擦去；否则，会加速门封条老化而影响箱门的密封性能，造成箱内温度升高和耗电量的增加，尤其是下门封条更易污染，要常常检查。

（2）冰箱内部可以拆下的搁架和抽屉都可以用水清洗。清洁电冰箱体表面和门封条时，先拔出电源插头，用软布蘸温水或肥皂水擦拭，最后用清水擦除并抹干。冰箱内外切忌用水冲洗，以免导致漏电或引起故障。

（3）清洁背面的机械部分应包括冷凝器及压缩机表面，不能用水抹，应用毛刷除去灰尘，以保证良好的散热条件。注意清洁时，切勿用汽油、酒精、洗衣粉、酸溶液等强腐蚀性液体。

（4）定期除霜。电冰箱工作一段时间后，箱内蒸发器表面会结一层霜，如果霜层厚度超过6毫米，会导致制冷效果下降，增加电耗，对于非自动除霜电冰箱，要及时除霜。除霜时，要先切断电源使其停机，打开冷冻室门，把物品取出，利用环境温度化霜。为加快化霜，可用霜铲除霜，切勿用利器除霜，以免损坏蒸发器和冷凝管。

（5）电冰箱长期不用时，应将电源插头拔下，并将箱内食物全部取出，待箱内冰箱融化后，对其进行清洗、擦干，并将箱门稍许打开，以利通风，除去异味。

第三节 电视机的使用与清洁

一、电视机的摆放

电视机应放在通风良好的地方，不要放置在防护箱柜内观看，也不要仅仅拉开布套的前而观看；关机后也不宜将布套立即套上，否则，不利于散热，从而会导致电视机的使用寿命缩短。

二、电视机的使用

（1）电视机在使用时不应频繁开、关机。开关机必须间隔5分钟以上。如果遇到临时停电，应将电视机关掉。

（2）平面直角彩色电视机应防磁干扰，否则，图像易产生色斑。转动电视机方向大于90度时，应先将电视机关掉，并将天线（或有线端口）和电源插头拔掉。电视机在较长时间不用时，也应将电源插头和天线拔下。

（3）在收看过程中注意发生的异常现象，如突然出现声像全无、有像无声、有声无像、打火、冒烟、异味、亮线等现象时就立即关掉电视机待查、待修。

（4）在夏季雷雨天气时，不要使用电视机。

（5）调整彩电的对比度，要把色饱和度调到最小。调整时也要与亮度钮相配合，既不散焦，又不太亮为最好。调完对比度和亮度后，再调整色饱和度，把色加上去，配合色调使颜色柔和。颜色太浓，会缺乏真实感，太淡层次不清，都不能真实地反映景物，要使人皮肤的颜色和人的面部颜色接近。

（6）在使用遥控开关关闭电视机以后，还须同时拔掉电源头，应彻底切断电源。这是因遥控部分关掉电视机后，虽然电视机的声像消失，然而遥控部分仍在继续工作，若不切断电源，此时，遥控部分的耗电可达15瓦左右，这是很不合算的。

（7）不要长期闲置不用。长时间闲置不用的电视机反而容易损坏。最好每天让自己的液晶电视工作半小时以上，这半个小时运转产生的热量就可以将机内的潮气驱赶出去。

三、电视机的除尘

电视机应定期除尘。清除灰尘时应注意如下几点（最好请专业人员清除机内灰尘)。

(1) 应选择在停机半小时以后进行，以防止高压部分放电不净而受电击。

(2) 清除前准备一只电吹风或自行车打气筒，还要一把干燥的软毛刷。

(3) 小心地打开电视机后盖，千万注意不要碰撞外露的显像管管颈及其尾端接线座，还应留神不要将机上拉杆天线的机内连接线拉断。

(4) 用电吹风或自行车打气筒把灰尘吹出来；尘垢积累较多的地方，可用软毛刷轻轻刷净再吹出来。

(5) 要尽量避免移动机内引线，也不要拨动机内元器件；尤其是显像管背部和颈尾部更应小心，只宜吹风，不宜接触。

(6) 清除机内外灰尘忌用湿布擦洗。

(7) 灰尘清扫干净后，后盖按原位装好即可。

第四节　空调的使用与清洁

一、空调的使用

(1) 开启空调前，先开窗通风 10 分钟，尽使室外新鲜空气进入室内。空调开启一段时间后关闭空调，再开窗通风 20 ~ 30 分钟，如此反复，使室内外空气形成对流，让有害气体排出室外。

(2) 室内温度最好控制在 25℃ 左右，室内外温差不宜超过 7℃；冷风出口处不要直接对着人和办公桌。

(3) 老人呼吸系统功能较弱，使用空调时，空调温度不能太低。天气干燥时，可使用加湿器或在室内放一盆水。从室外进入室内前，先将身上的汗擦干，最好将空调定时。

（4）儿童免疫功能较低，使用空调时，出门前半个小时就应关闭空调并开窗通风，以适应室内外温度变化。

（5）使用空调不应频繁开关。空调器不使用时应关断电源，拔掉电源插头。空调无论因何种原因而停机（如突然断电、人为停机等），由于一般空调器均没有停机的时间延迟器（延迟时间约3分钟），这时这类空调器停机后虽可马上开机，但需过3分钟后才能运转。

（6）勿遮挡室外机的吹风口。室外机的吹风口处放置物品遮挡时，冷暖气效果降低，浪费电。善于利用风向调节。暖气时风向板向下，冷气时风向板水平，效果较好。

（7）要使室内外机组的进风口和出风口保持畅通无阻。以确保空调的效果。

（8）需要长期停用时，等机器内部干燥后，最好遮盖起来，以防灰尘、杂质的侵入。

二、空调的清洁

（1）家用空调每年可请专业人士进行一次全面清洗和消毒，特别是室内机的蒸发器。在空调使用期间，应经常清洗过滤网（用清水直接冲洗即可）。

（2）清洁时间，一般在夏季使用前或秋季使用后需进行一次清洗保养。

第五节　其他电器的使用与清洁

一、电饭锅的使用与清洁

（1）新购置的电饭锅在使用前应详细阅读使用说明书，熟记操作方法并严格执行。

（2）电饭锅在使用后，必须随时清除内锅底与电热板之间的污物及杂物，使电热板与内锅底紧贴，从而具备良好的热传导作用。另外应避免内锅碰撞，尤其是内锅底部应防止硬器刮碰，以免变形损坏，影响使用寿命。

（3）洗涤内锅时必须使用软质洁布擦拭，禁止使用硬质物品擦洗，以免损伤不黏涂层；清洗干净后，要用干布将内锅外壁擦干后再放入外壳内，忌酸、碱、水分侵入外壳或电热板内。

（4）电饭锅的内锅表面均刻有物品投放量和水量的标志，使用时应掌握好此标准，不宜过量。

（5）不能用水泡洗电饭锅外壳与电热板，只能在切断电源后，用湿布蘸洗涤剂擦拭去除油污，再用清水揩净晾干。

（6）电饭锅只有在煮米饭时才能自动跳闸，炖煮其他食物是不起作用的；所以，炖煮其他食物至适当程度，应及时将电源切断，以免破坏食物营养素或烧毁电饭锅。

（7）为确保使用安全，待放入内锅后方可插上电源插头；取内锅时，应先拔去电源插头，更不可带电拆刷电饭锅的电热板，以免触电。

（8）较长时间不用的电饭锅，应将内外都擦洗干净存放在通风干燥处，并注意避开有腐蚀性气体或潮湿的环境。

二、微波炉的使用与清洁

（1）应将微波炉放置在平稳而且通风良好的地方，不可放置在高温或潮湿的地方。切忌将微波炉放在有磁性材料的地方，磁性材料会影响腔内微波的分布。微波炉也忌与电视机放在一起同时使用。

（2）由于微波炉在加热时耗电较大，最好敷设专用电源线和插座。如与其他大功率电器用具接在同一线路上，则不要同时使用，避免线路超过负载，发热乃至损坏。

（3）应严格按使用说明书所规定的顺序进行，切忌随心所欲地拨动各按钮开关。转动火力开关调至所需加热方式。转动定时器选定加热时间，开始加热或烹调。在到达了预定烹饪时间或食物温度升到设定值时，信号铃发出响声，微波炉自动切断电源。此时，可打开炉门，取出食物。微波炉可以用于解冻食品，还可以用来杀菌消毒，用湿润的毛巾将需要消毒的物品包好，放在托盘上转几秒钟，即可杀灭细菌。

（4）加热烹饪时，切忌用眼睛观看烹调情况。微波炉在运转的时候人要与其保持 1 米以上的安全距离，从而防止微波的伤害。

（5）不允许微波炉空载运行。金属容器、带金属配件的容器和带金银边的器皿不可放入炉内加热，应选择耐热玻璃制品、陶瓷制品或微波炉专用盛器。

（6）密封瓶或袋装食品须开口后放入加温。小孩需在大人指导下使用微波炉。

（7）如果炉内食物着火，切勿打开炉门，应立即将定时器拨到零位，然后拔去电源插头。一旦发现故障指示灯亮，应停止使用，待检查出原因后，才继续使用。

三、吸尘器的使用与保养

（1）使用前应把较大的杂物、纸片等预先清除，以免工作时被吸入管内堵住进风口或过滤器，导致机器故障。

（2）集尘袋装满时应及时更换、滤网需经常清理，以免风道堵塞造成电机故障。

（3）不要扭曲、拉伸和踩踏软管，以免造成软管的破损影响正常使用。

（4）在将电线拉出来的时候，当看到有其他颜色的记号时表示已经到了电线的尽头，不可再用力拉扯，否则可能会因此将电线拉断。

（5）家用吸尘器搬动时应提在手把上，不得装在桶里或袋子里。

（6）家用吸尘器应注意防水，防止雨水淋湿吸尘器，如遇雨雪天气，应采取适当措施保护好吸尘器免受雨雪淋湿。

（7）卷电源线时如果发现卷线不顺畅，可以尝试着把电源线拉些出来，然后再卷，禁止硬把电源线往进塞，这样很可能导致电源线出轨，一旦电源线出轨，要再拉出电源线就麻烦了，如果出现这种情况，就得送到维修店处理。

四、蒸汽熨斗的使用与清洁

（1）为避免产生水垢，应尽量灌注冷开水。

（2）根据各种不同的衣料选择适当温度。如果不清楚衣服布料的话，可以先找一处穿衣时看不到的地方试熨一下，从低温逐渐开始上调。

（3）要等到水温达到所调的温度后，开始熨烫，否则水会从底板漏出。请注意，这并不表示熨斗发生故障，而只是温度不够，不能将水升华为蒸汽，而从底板流出。

（4）利用蒸汽熏喷，使气质纤维恢复弹力，因磨压反光的布料便可恢复原样。如一边喷蒸汽，一边用毛刷往相反方向刷，则效果会更理想。

（5）熨好的衣服，不要马上放进衣柜，先挂在衣架上，让热气完全蒸发后再挂进衣柜，这样才不会发霉、腐坏。

（6）已经产生水垢，可利用熨斗自动清洗功能自动清洗，如无此功能，可用少量醋兑水注入熨头，然后用强力蒸汽喷放方式喷射蒸汽，可去除水垢。事后应将水箱清洗干净。

（7）用完后，务必将余水倒清，如果倒不净，就通电让蒸汽从底板喷出。拔下插头，直立收藏，可延长使用寿命。

第五章　家庭餐烹制

第一节　原料的购买与记账

一、原料购买的原则

1. 尊重雇主

家政服务员在日常采买工作中，一定要按照雇主的意思去做，买什么、到哪里买、买多还是买少、买价高的还是买价廉、到早市买还是去超市或大商场购买等这些问题，均必须按照雇主的意思做。家政服务员在做购买商品工作时，有关问题可以向雇主建议，但首先必须尊重雇主的意见和要求。

2. 三勤合意

买菜购物应到大菜市场、农贸市场或大商场；但是，无论是去大菜市场、农贸市场还是大商场，想要买到合意的菜和物品，就应做到三勤。

（1）脚勤。到哪里买，什么时间去买，买多还是少买，这些都应在事前有所了解，然后启动你勤劳的双脚去选择且要做到货比三家。

（2）嘴勤。无论购买何种物品均要经过讯价、比价、议价的过程，其过程嘴的作用是很重要的。

（3）眼勤。通过敏锐的双眼方能确定要买的物品的质量和性价比，只有性价比较高的物品方为上品。

3. 善于议价

议价过程实质就是一个谈判的过程，处于市场经济的社会，每个人均应掌握一些谈判技巧；此过程亦可考验一个人的耐心，同时，亦可反映一个人的文化修养；因此，在购买商品时要具备基本的耐心和修养，文明、礼貌地与商家议价，方能够购买到价廉物美的商品。

4. 注重质量

购买物品时，无论物品的价格是高还是低，首先应保证所购买的商品质量是好的；否则，虽然你购买的商品非常便宜，却无质量保证，最终吃亏的仍然是你。例如，购买蔬菜时，首先要看蔬菜质地是否鲜嫩。其次要看蔬菜是否光亮，另外，要看蔬菜水分是否充足，还要看蔬菜表面是否无伤。

5. 保证卫生

无论购买何种物品都要充分考虑其本身是否环保、卫生；尤其是购买食品，干净、卫生是决定是否购买的第一驱动力；虽然你花钱很少，但是，如果购买回来的是一堆垃圾食品，卫生无法保证，必然得而失之；一旦食用了不卫生的食品，就有可能给你、你的雇主及家人带来意想不到的问题。

6. 讲究营养

食品的价格并非与养分成正比。一般情况下蔬菜色彩越深，养分越高，其规律是绿色的养分最高，黄色或杂色次之，无色（白色）最低。

二、日常开支的记账方法

日常开支记账对于家政服务员来说有很大的好处，让自己及雇主可以及时发现开支上的问题，避免家政公司服务人员与雇主发生矛盾。

1. 日常开支记账的好处

（1）日常开支记账，让自己及雇主可以及时发现开支上的问题。每天上市场时带了多少钱，买了什么物品，应剩多少钱，通过记账，便一目了然。因为雇主一般都要求家政服务员把每日的开支限制在一定的数额中，通过记账，一方面可以了解每天的实际开支情况，如果超支或剩余太多，都应该及时调整；另一方面还可知道有没有丢失现金，如果上市买菜不慎丢了钱，回来一记账，就能及时发现，这不仅应向雇主说清楚，还要提醒自己以后多加小心。

（2）可以避免与雇主发生矛盾。家政公司服务人员受聘于雇主，如果买东西不记账，过了一段时间就忘了钱花到哪里去了，说不清楚就容易与雇主发生矛盾。实行每天记账，有账可查，既可以避免矛盾，还能提高自己的信誉。因此，要使雇主满意、放心、就必须做好日常开支记账。

2. 日常开支记账的方法

家政服务员最好准备两个账本。一个用于记录收支及结余，另一个用于保存发票收据，主要保存购物发票、超市的购物收据、合格证、说明书等。

日常开支一般采用"收支流水账"的记账方法，基本内容包括"收入""支出""结余"3个部分。假如雇主每天把日常费用交给你，并要求每天结账，那么，你就必须做好每日的收支登记。例如雇主在5月1日交给你40元钱，要求你买当天的食物，你上市场采购了鱼、鸡、青菜、姜、葱等物品，记账如下。

每天收支账

收入：40元

支出：鱼（0.75kg）10元

　　　鸡（1kg）20元

　　　青菜（1kg）4元

　　姜葱（少许）5 元

　　合计：39 元

　　结余：1 元

　　每日记账可根据雇主的意见将余款交还或留在第二天继续用于采购。

　　若雇主不要求每日结账，家政服务员可改为每周结账或每月结账，但同样要每天记录当天的情况。

第二节　家庭主食的烹制

一、蒸米饭

　　蒸米饭是将米洗干净，然后放入用来蒸米饭的容器里，再向容器里加一定量水（根据个人口味而定），盖上盖放在火上或插上电就开始蒸米饭了。下面介绍 3 种蒸米饭的具体方法。

　　1. 用蒸锅蒸米饭

　　（1）将蒸锅放在炉灶上，锅内放适量水，放好抽屉。

　　（2）将米淘洗 2～3 遍，放在大小合适的容器里，放入蒸锅内。

　　（3）在米里倒入适量热水，一般情况下，水要高过米 2 厘米左右，盖上锅盖。

　　（4）用旺火蒸 30 分钟即可。

　　2. 用电饭煲蒸米饭

　　（1）将米淘洗 2～3 遍，倒入电饭锅内锅。

　　（2）往内锅里加水，水要高出米 1.5 厘米左右。

　　（3）用干布擦净内锅外壁水滴，将其投入外锅内，盖好锅盖。

　　（4）确定电饭煲插头连接好，再将另一端插头连接电源。

（5）按下"煮饭"按钮，饭熟后电饭煲会自动转至"保温"状态。

温馨提示

蒸米饭时，米和水的比例应该是1：1.2。有一个特别简单的方法来测量水的量，用食指放入米水里，只要水超出米有食指的第一个关节就可以。

当电饭煲跳到保温的时候，不要立刻就打开盖子，让米饭在锅内再焖一下，可以使米饭充分接受热量，蒸出来的米饭会更香。

3. 用微波炉蒸米饭

（1）将米淘洗2~3遍，放入微波炉专用的蒸饭容器。

（2）加入适量水，盖上蒸饭容器上盖。

（3）将蒸饭容器放入微波炉内，高火5分钟；然后等待几分钟，目的是让米粒自己充分浸泡；再用中火10分钟。

（4）在听到微波炉"镗"的一声响后，米饭即熟。此时不要立即取出蒸饭容器，让它在微波炉里停留10分钟左右。在这10分钟里，虽然微波炉停止运转，但米饭内部还在摩擦加热，会让米饭更加软烂。10分钟过后，取出饭煲，打开，松软可口的大米饭就做好了。

二、蒸馒头

蒸馒头是指把发酵好的面团作成馒头形状放在锅具或蒸笼上蒸，做法简单易学。

其具体步骤如下。

（1）原料准备。面粉500g、面肥75g、水250g、食用碱适量。

（2）制作方法。将面肥用水澥开，加面粉和成面团，静置发酵。面团发好后，对碱揉匀至无酸味，搓条下剂，剂重50g左右，将剂子揉成上尖下圆的外形，适当距离摆在面板上，醒 10 分钟左右，上屉旺火蒸 20 分钟，用手拍，有弹性即熟。

温馨提示

和面时，水与面的比例必须恰当，不同面团所用的水温要合适，面团要充分揉匀、醒透。掌握好面的吃水量，面团水量多了，面软成品容易变形，面团水分少了，会影响食品的质地。水温也要符合不同面团的要求，否则，会影响食品口感。面团不揉匀醒透，会降低韧性，制成品的弹性会下降并影响口感。

三、蒸包子

蒸包子和蒸馒头类似，只不过增加了馅料制作。其具体步骤如下。

（1）准备原料。面粉 500g、面肥 50g、水 250g、碱适量；猪肉（或羊肉）500g、香油 25g、酱油 30g、盐 5g、料酒 10g、葱花 10g、姜末 5g、胡椒粉 1g、味精 5g。

（2）制作方法。面肥用水澥开，加面粉和成面团，静置发酵后，兑碱揉匀，醒透。猪肉剁成肉馅，加入料酒、盐、酱油，拌匀后，陆续加水搅上劲，再加入姜末、香油、胡椒粉、味精制成肉馅，用时加葱花拌匀。面团搓条下剂，每个剂 25g 左右，将剂擀成圆皮包馅，掐 12 个以上的摺，入屉蒸 10 分钟即熟。类似的方法制作素包子；为避免肉包子过于油腻，也可在肉馅中加适量的蔬菜，既有新鲜的肉香又有蔬菜的清香。

温馨提示

制作馅料的肉质要新鲜，肥瘦适当，调味恰当，打水适量，搅拌方法正确。肉质不新鲜会影响馅的口感味道，肥肉多了口感腻，瘦肉过多口感干柴。馅的含盐量小了鲜味不突出，含盐量大了会压住鲜味，还会影响身体健康。肉馅打水不能过多也不能过少，水多成品易变形还易掉底，水少馅心口感嫩度下降。搅拌肉馅应顺一个方向搅打，忽左忽右会减少肉的吃水量，会降低肉馅的鲜嫩度。

四、做水饺

饺子是中国的古老传统面食，是中国北方大部分地区每年春节必吃的年节食品，在许多省市也有冬至节吃饺子的习惯。其具体步骤如下。

（1）做饺子馅。饺子馅主要分肉馅、素馅、荤素馅。制作肉馅时，首先将肉剁碎或搅碎，再加少量水拌一下，然后加入葱花，姜末，花椒面或五香粉，味精，盐，少量酱油，料酒之类的，之后朝一个方向搅拌均匀，后调节咸淡。素馅和荤素馅的制作方法类似。

（2）做饺子皮。把饧好的面团放在案板上，搓成直径 2～3 厘米的圆柱形长条。把柱条揪（或切）成长 1.5 厘米左右的小段。再将这些小段用手压扁，用擀面杖擀成直径适度（4～7 厘米）的、厚 0.5～1 毫米的、中心部分稍厚些的饺子皮。注意擀皮时，案板上要撒些干面（浮面），以防黏到案板上。

（3）包饺子。先取一张饺子皮于掌心放入适量饺子馅，然后将两边的饺子皮从中间捏紧，再捏好两边即可。

（4）煮饺子。水烧沸后，投入饺子生坯，用手勺在锅底轻轻搅动；待水再次沸腾时，加点冷水，这样反复的点水煮 2～3 次后即可成熟，捞入盘中即可。

（5）准备饺子蘸料。根据雇主爱好准备：蒜泥、芥末、香醋、辣椒油等调味汁。

温馨提示

挤捏饺子时要把边捏严，边不能过大，捏的尽量薄些，饺子刚下锅要用勺子轻轻推动，避免粘底；煮制时要保持水开；火力过大饺子容易煮烂，火力过小易把饺子煮朽。

五、做面条

面条是一种制作简单，食用方便，营养丰富，即可主食又可快餐的健康保健食品。做面条的具体步骤如下。

（1）和面与擀面。首先和面、揉面、醒面，再将面团揉成椭圆形；取一根长擀面杖，双手握住擀面杖的两头，在面团上用力滚压，把面团逐步擀成大片，在面片上撒上一层干面粉，然后将面片卷在擀面杖上；边压边重复前推后拉的滚压动作，这样反复的前推后拉数次后，将面皮放开，再撒上干面粉，将面皮再卷到擀面杖上推擀使面皮薄厚达到需要的厚度。

（2）切面条。将面皮前后折叠成 10~15 厘米宽的长条，每层之间均撒一层干面粉，放于案板上。一只手压住面皮；另一只手持刀，用推切的刀法将面切成细条，然后抓住面头上部，提起轻轻抖掉面干，再整齐的放好。

（3）煮面条。根据雇主的口味，可煮汤面或打卤面。

六、烙饼

烙饼的主要原料是面粉，辅之以鸡蛋、芝麻、青椒、小葱等烙制而成，可以配各种肉、蛋、蔬菜一起食用。其具体步骤如下。

（1）和面。和面的时候用温水，这样和出来的面软，有弹性，水太凉了，和出来的面硬。水太热了，面就被就烫熟了，所以，要用温水。面和好之后静置30分钟，俗称"醒面"，目的就是让面粉充分均匀地吸收水分。

（2）擀面。将面擀成一个厚度在 3~4 厘米的大长方条，涂上薄薄一层油，撒上一层盐（适量），卷起来切成剂子。将剂子两端及边捏紧、捏严，然后将整个剂子压扁，再用擀面杖擀成一个大圆饼。

（3）烙饼。待饼铛烧热后，将擀好的饼放在饼铛上，边烙边翻个，当饼鼓起来时再翻几次即熟。

第三节　蔬菜原料的初加工

一、蔬菜原料初加工的要求

（1）合理放置。新买进或已加工的原料，应根据品种特性的不同，分开放置于通风、阴凉、不被日照雨淋、干湿度适宜的环境中，一般竖放于菜架上较好。

（2）按部位分档加工。根据不同烹调方法对蔬菜原料部位和质量的不同要求，将蔬菜的内叶、外叶、老茎、嫩茎、尖部、心部、粗细、长短、大小等按档次规格区别加工．以适宜刀工和烹调的需要。

（3）洗涤得当确保卫生。根据蔬菜的具体情况，可以采取先洗涤后加工，先整理后洗涤，或者可以先加工后洗涤，先洗涤后刀工等方法，充分保证加工后原料的卫生质量。

（4）节约原料。在初加工过程中，既要清除污物和不能食用部分，又要注意合理加工原料，做到物尽其用，避免造成不必要的浪费。

二、蔬菜原料初加工的方法

初加工是对蔬菜原料在烹调前所进行的选择、整理、洗涤的过程。由于蔬菜的种类很多，产地、季节、食用部分、烹制要求变化很大，初加工的方法也随之而异，变化极大。

1. 选择

菜肴能否做得色、香、味、形、质俱佳，一方面取决于烹调技术的好坏，另一方面则取决于原料本身质量的好坏。选择原料是否得当，是一个菜肴成功的首要条件，原料选择合适，就能提高原料的使用价值，达到物尽其用、味尽其美的最高境界。下面介绍选择原料时，应注意以下几个问题。

（1）熟悉原料产地。由于地理条件和传统栽培技术的不同，各地都有质量较高的产品，如江安的冬笋、温江的蒜薹、简阳的辣椒、涪陵的青菜头、通江的银耳、富林的花椒，等等，只有熟悉原料的最佳产地，才能选择到最佳质量的原料。

（2）掌握原料的生长期。由于万象变幻，植物生长均有一个最佳的成长期，如霜前的白菜鲜嫩无苔，霜后则变得韧老，花苔外冲；霜后的萝卜质嫩不空心，味鲜，水分重等。根据植物的不同生长时期，不失时机地选用适应季节的蔬菜原料，可以为制作好菜肴打下良好的基础。

（3）鉴别原料的质量。任何植物原料由于物理、生化、微生物、虫咬鼠伤等因素的影响，或多或少在质量上有坏有好，这直接关系着菜肴的质量，并与食者的健康密切相关，如发芽的马铃薯、放置过久的白菜均能引起食物中毒。要严格按照原料质量要求，选择新鲜、上等、未变质的烹饪原料。

（4）了解原料不同的食用部分。任何植物原料均有根、茎、叶、花、果实几大部分，不同部分的老嫩、粗细、大小、适宜的制作方法、味的香浓程度等都不一样，如青笋的茎脆嫩、清香，适宜拌、炒、泡；其叶色绿，质软，则适宜煮汤、烩。只有充分了解蔬菜原料各部位的不同用途，才能做到物尽其用，不浪费原料，发挥原料的最佳效果。

2. 整理

整理包括对原料所进行的摘剔、撕拆、剪修、刮削等整理方法。蔬菜的整理一般根据食用部分的不同和相适宜的烹调方法来进行。

（1）叶菜类。摘去黄叶、烂叶、老根、花苔，除去泥土杂质，并剪切成长短适宜的段。

（2）根茎类。削掉或剥去外皮，切剪去须根和嫩茎，变质和虫鼠咬伤部位应挖去。

（3）果菜类。刮削去外皮，挖出肉瓤和种子，除去果蒂；豆荚类摘除豆荚边上的筋络，有些要剥去豆荚，只用种子。

（4）花菜类。除去外叶。分成小块，撕削去茎上筋络。

3. 洗涤

一般是在选择整理之后进行的加工方法，但如果蔬菜本身污物太多，虫伤厉害，或从营养角度出发，也可先洗涤后整理。根据蔬菜的具体情况，可适当选择冷水、热水、盐水、高锰酸钾溶液来洗涤。

（1）冷水洗涤。此法能充分保持蔬菜的鲜嫩质地和亮丽色泽，大部分蔬菜均用冷水洗涤，洗去附在蔬菜上的泥沙、污物即可。

（2）热水洗涤。此法能最大限度除去原料的异味和便于原料去皮。如豆制品放在热水中浸泡清洗，其豆腥味可以除去。如西红柿在热水中烫洗，则极韧的外皮一撕即去。

（3）盐水洗涤。此法能很好除去蔬菜上附着的虫及虫卵。将带有虫及虫卵的蔬菜放入2%～5%的盐水中浸泡。虫及虫卵受盐的渗透作用，离开蔬菜而上浮水面，这样就便于去除这些上浮于水面的虫及虫卵。

（4）高锰酸钾溶液洗涤。此法适宜生食的蔬菜，能在一定程度上杀灭蔬菜上附着的有害微生物。一般先将蔬菜放入2%的高锰酸钾溶液中浸泡，捞出，再用清水冲洗干净。

第四节　家常菜肴的烹制

一、蒸菜

蒸菜是以蒸汽加热使经过调味的原料成熟或酥烂入味的烹调方法。蒸菜形态完整、原汁损失较少，口味鲜香，嫩烂清爽，易于消化。如果雇主口味清淡，应优先考虑蒸制菜肴。

根据蒸制菜肴所用的火候，随原料性质和烹调要求而有所不同，可分以下 4 种。

（1）旺火沸水速蒸。适用于质地较嫩的原料。成菜要求质地鲜嫩，只要蒸熟，水开以后，一般蒸 10 ~ 15 分钟即可，如清蒸鱼等。如果蒸时间过长，则成菜质老，口感粗糙发渣。

（2）旺火沸水长时间蒸，凡原料体大，质老，需蒸酥烂的采用此法，一般需蒸 1 ~ 3 小时，如粉蒸肉，香酥鸭、蹄膀以及干料涨发等。

（3）中等小火沸水长时间蒸。

（4）微火沸水保温蒸。这是用于冬天饭菜的保温。

【清蒸鱼示例】（图 5 - 1）

原料：

鱼一条、葱丝、姜丝、绍酒、青红椒丝、香菜、生抽、醋、板油、植物油、蚝油等。

做法：

（1）鱼的选择。鱼的重量最好控制在 500 克左右，摆在鱼盘中美观是次要的，关键是生熟的火候比较容易把握。

（2）鱼的整形。将鱼清洗干净后，用刀将鱼脊骨从腹内斩断，可以防止鱼蒸熟后，由于鱼骨收缩而使鱼变形，在鱼体两侧

图 5 - 1　清蒸鱼

抹匀猪油，再蘸少许白酒。

（3）鱼的调味。将少许肉粒拌入一点酱油、麻油、盐、姜末后放入鱼腹中，既可使鱼的味道更鲜，又可使蒸出的鱼显得饱满。

（4）鱼的摆盘。取大块老姜和大葱中段，切成长短均匀的细长丝，铺在鱼盘上，将鱼入盘后再在鱼身上撒些许葱姜丝，以便入味均匀。

（5）鱼的火候。火候是清蒸鱼的关键所在，与很多清蒸菜一样，一定要在锅内水开后，再将鱼入锅，蒸 6～7 分钟立即关火。

（6）鱼的虚蒸。所谓虚蒸就是关火后，别打开锅盖，利用锅内余温再蒸 5～8 分钟后出锅，撒上青红椒丝和香菜，将备好的酱油、醋和少许清油淋遍鱼身即可。

二、炒菜

炒是将加工好的小型原料，投入小油锅中，在旺火上急速搅拌、翻锅的烹调方法。炒的过程中，食物总处于运动状态。将食物扒散在锅边，再收到锅中，再扒散不断重复操作。

这种烹调法可使肉汁多、味美，可使蔬菜嫩又脆，是最基本也是应用范围最广的一种烹调方式。因此，家政服务员应熟练掌握炒菜的烹饪技法。

炒可分为生炒、熟炒、软炒和煸炒等。

1. 生炒

生炒又称火边炒，以不挂糊的原料为主。先将主料放入沸油锅中，炒至五、六成熟，再放入配料，配料易熟的可迟放，不易熟的与主料一齐放入，然后加入调味，迅速颠翻几下，断生即好。如果原料的块形较大，可在烹制时兑入少量汤汁，翻炒几下，使原料炒透，即行出锅。放汤汁时，需在原料的本身水分炒干后再放，才能入味。这种炒法，汤汁很少，清爽脆嫩。如清炒空心菜、青椒土豆丝、香芹豆干等。

2. 熟炒

熟炒一般先将大块的原料加工成半熟或全熟（煮、烧、蒸或炸熟等），然后改刀成片、块等，放入沸油锅内略炒，再依次加入辅料、调味品和少许汤汁，翻炒几下即成。熟炒的原料大都不挂糊，起锅时一般用湿团粉勾成薄芡，也有用豆瓣酱、甜面酱等调料烹制而不再勾芡的。熟炒菜的特点是略带卤汁、酥脆入味。如地三鲜、宫保鸡丁、鱼香肉丝等。

3. 软炒（又称滑炒）

先将主料出骨，经调味品拌脆，再用蛋清团粉上浆，放入五、六成热的温油锅中，边炒边使油温增加，炒到油约九成热时出锅，再炒配料，待配料快熟时，投入主料同炒几下，加些卤汁，勾薄芡起锅。软炒菜肴非常嫩滑，但应注意在主料下锅后，必须使主料散开，以防止主料挂糊粘连成块。如滑炒鱼片、滑炒虾仁等。

4. 煸炒（又称干煸）

干炒是将不挂糊的小型原料，经调味品拌腌后，放入八成热的油锅中迅速翻炒，炒到外面焦黄时，再加配料及调味品（大多包括带有辣味的豆瓣酱、花椒粉、胡椒粉等）同炒几下，待全部卤汁被主料吸收后，即可出锅。于炒菜肴的一般特点是干香、酥脆、略带麻辣。如干煸四季豆、干煸菜花等。

【小炒牛肉示例】（图 5-2）

原料：

牛肉（肥瘦）（250 克）、香芹（100 克）、小红椒（20 克）、鸡蛋清（25 克）、小葱（10 克）、江米酒（15 克）、味精（1克）、酱油（10 克）、姜（3 克）、植物油（40 克）、盐（5 克）、淀粉（10 克）。

图 5-2　小炒牛肉

做法：

（1）将生牛肉按肉纹横切成 4.5 厘米长丝。

（2）用淀粉 5 克、蛋清、江米酒 6 克将牛肉丝浆好。

（3）葱、姜、香芹切成 4.5 厘米长丝，小红椒切成小圈。

（4）锅里倒植物油，烧 3 成热，把浆好的牛肉丝滑散，捞出。

（5）待油温升七成热时，复下牛肉炸挺，沥油。

（6）另把植物油入锅内，上旺火，至五成热，放姜、葱丝、小红椒、香芹丝、酱油，煸炒，倒入鲜汤 15 毫升、牛肉丝、江米酒，中火烧 2 分钟，加味精，用水淀粉挂芡即成。

三、炖菜

炖菜是将原料加汤水及调味品，旺火烧沸后转中、小火长时间烧煮成菜的烹调方法。炖菜的主料多为肉、禽、鱼等，做成的菜肴汤汁醇、原料熟烂。

炖法根据所加调味品及成菜色泽可分为清炖和浑炖两种。清炖是最常用的一种炖法，多以一种原料为主，无色，常用于制作汤菜或制汤，成菜汤多色清，鲜醇不腻。浑炖是将底料煸炒，主料炸或煎后炖，俗称垮炖。

【东北乱炖示例】（图 5 - 3）

原料：

排骨（380 克）、豆角（6 根）、土豆（1 只）、茄子（1只）、番茄（1 只）、木耳（1 块）、八角（1 粒）、葱段（1 根）、蒜粒（2 瓣）、姜（2 片）、油（2 汤匙）、海天金标生抽王（1 汤匙）、盐（1/3 汤匙）、鸡粉（1/2 汤匙）。

做法：

（1）洗净排骨，斩成 4 厘米长的段，放入沸水中焯一下，捞起沥干水待用。

（2）洗净茄子、土豆，都切成滚刀块；豆角切成段，番茄切成瓣状，木耳切成块。

（3）烧热 2 汤匙油，炒香八角、葱段、蒜粒和姜片，先倒入排骨拌炒 1 分钟，再倒入土豆块拌炒均匀。

图5-3 东北乱炖

（4）依次倒入茄子、青椒、番茄、豆角和木耳，与锅内食材一同翻炒1分钟。

（5）注入2碗清水炒匀，加盖大火煮沸后，改小火慢炖15分钟，至汤汁呈浓稠状。

（6）加入1汤匙海天金标生抽王、1/3汤匙盐和1/2汤匙鸡粉调味，开大火收至汤汁近干，即可出锅。

四、拌菜

拌菜是将生食品或烹调食品切好后放入盛器内，按照口味加上各种调味佐料拌匀。拌菜是家庭中常用的一种快速烹调方式，多以酱油、醋、盐、香油、味精等作调料。做出的菜肴新鲜爽口，原汁原味，营养成分流失少。

【凉拌金针菇示例】（图5-4）

原料：

金针菇、芹菜、胡萝卜、蒜、生抽、醋、香油、辣椒油。

图5-4　凉拌金针菇

做法：

（1）金针菇洗净沥干水，芹菜去叶切断儿洗净，胡萝卜洗净切丝。

（2）锅中放水煮沸，加少许盐和植物油，分别放入金针菇和芹菜、胡萝卜焯水（金针菇单独焯水，芹菜和胡萝卜可以一起焯水），焯水后放凉水中冲一下。

（3）把焯好的金针菇、芹菜和胡萝卜放一个盆中。

（4）放蒜末、生抽、醋、香油、辣椒油拌匀即可。

第六章　家庭护理

第一节　老年人的生活照料

一、老年人的饮食要求

1. 保证适当的热量供给

由于老人的基础代谢和物质代谢功能比较低，体力活动比较少，所以饮食中热量应适当减少；如果热量的摄取大于消耗，势必引起单纯的肥胖；一般而言，只要食欲得到满足，且体重维持不变，即说明膳食热量的供给是适当的。在我们普通的食品中，米和面所产生的热量较大，因此，应尽量少吃米和面，多吃些产生热量较少的副食品，还可以多吃些粗粮，如精制的玉米食品。

2. 蛋白质供应丰富

老人的代谢是以分解代谢为主，需要较为丰富的蛋白质补充组织蛋白的消耗。饮食中的蛋白质对老人尤为重要，其供给量可按每天每千克体重 1~1.5 克计算；但是，并不是蛋白质越多越好，过多的摄入蛋白质反而会加重消化器官和肾脏的负担，增加胆固纯的合成。老人膳食中的蛋白质最好有一半来自于乳、蛋、鱼、豆、肝及其制品。

3. 适当补充钙、铁元素

老人最易发生缺铁和钙，铁是血红蛋白的重要组成部分，为了弥补老人循环机能较差的弱点，血液中应有较多的血红蛋白；

所以，应多食蛋、肝、肾、绿色蔬菜、海带、木耳等含铁量较高的食品。老人若缺钙，易患骨质疏松，为防止缺钙，老人每天应多食奶、虾、大豆、芝麻酱、骨头汤及其制品。

4. 控制脂肪摄入量

许多人认为吃富含脂肪的食品就会肥胖，其实不然，老人饮食中固然不能有大量的脂肪，但也不能过分限制；因脂肪摄入过少，不利于脂溶性维生素的吸收。应强调的是，吃植物油比吃动物油要好，这样有利于保护心脑血管系统，特别是患有高血压、冠心病的患者更应注意。

5. 保证充足的维生素供给

为了增强抵抗力，还应多吃富含维生素的食物；在饮食安排上，要搞好食物调配，要保证平衡合理的营养，不可偏食，不可暴饮暴食，饮食结构不可作过急过大的改变。不可过量饮茶，应戒烟戒酒，肥胖者应少吃甜食。

6. 老人饮食宜淡、宜早、宜少、宜缓、宜软、宜温

（1）宜淡是指老人饮食宜清淡。果蔬素食品其味淡，宜常食；肉类食品甘肥味浓，宜少食。食物不宜过咸或过甜，过咸会导致血压增高、心脏和肾脏负担加重；过甜易导致肥胖、高血脂或导致血糖增高。

（2）宜早是指老人要少食多餐，所以早餐是必不可少；晚餐进食宜早，不可食后就入睡，避免导致消化不良。

（3）宜少是指老人不宜进食过多、过饱。老人由于胃肠消化、吸收功能较差，多食便滞，故食纳不宜过饱，一般约八成饱便可。如确需增加营养，亦应少食多餐；忌暴饮暴食。

（4）宜缓是指老人进食宜细嚼慢咽，使食物变碎、唾液分泌增加，便于食物消化吸收。老人因咽喉部反应不灵敏，缓食可避免食物误入气管；糖尿病老人尤应缓食，以免血糖突然升高。

（5）宜软是指老人胃肠功能较弱，坚硬食物难于消化吸收。

故老人食物要熟、烂、软和、可口。

（6）宜温是指老人多胃寒，故饮食宜温，应少食生冷食物，以避免患肠炎腹泻。

二、居家老年人的安全护理

人到老年由于行动迟缓、慌张、反应迟钝、注意力不易集中、记忆力差。所以要照料好老人的居家生活应注意如下事宜。

1. 食物要烂、软、碎、易于消化吸收

老年人的消化吸收功能降低，牙齿脱落或装有假牙对食物的研磨功能受到严重影响；因此，老年人的食物要烂、软、碎、易于消化吸收；同时，由于老人的咽喉部反应不灵敏，应注意噎食，故进食应缓慢，同时应避免食物进入气管。

2. 衣着要宽松、合体

老人的衣着应宽松柔软，且穿脱应方便；老年人最好不穿或少穿紧身衣裤。另外，随着天气的变化应及时增减着装，护理员要协助老人穿脱衣物，且要求老年人的衣服要做到勤洗勤换，老年人所使用的被褥要经常晾晒。

3. 行动要舒缓

由于老人行动比较缓慢，反应比较迟钝，常易发生摔伤、骨折等损伤；因此，当老人活动时应在其左右陪护，行走时应适当搀扶，不要催促老人；另外，家居地面应保持平整，避免过多的杂物堆放。

4. 养成定时便溺的习惯

老年人常容易发生便秘、大小便失禁、尿频、尿急等现象，而大小便不畅易引起血压升高、心脏负荷增加，因此，一定要让老人养成定时大小便的习惯。

5. 适当的运动锻炼

因老人活动减少，故常有四肢无力和肌肉萎缩等状况；因

此，适当进行体育锻炼，如散步、慢跑、做保健操、打太极拳、练气功等运动是强化肢体功能的基本保证。

6. 科学睡眠

老年人要坚持早睡早起，保证充足的睡眠，老人由于身体的机能衰退，疲劳后恢复较慢，故应多些睡眠。一般情况下，60 ~ 70 岁的老年人每天总的睡眠时间应保持在 9 个小时左右；70 ~ 80 岁的老年人每天总的睡眠时间应保持在 10 个小时左右；而 80 岁以上的老年人每天总的睡眠时间应保持在 11 个小时左右。当然，睡眠时间要合理安排，老年人一天当中的总的睡眠时间应分时安排，一般情况下午休应安排 1 ~ 2 小时，夜眠时间为 7 ~ 8 个小时较为适宜。

三、老年人外出的安全护理

一般情况下身体健康、行动便捷的老人，应经常到户外活动，如串亲访友，结伴旅游等是非常有益于身心健康的。

（1）老人外出首要掌握当日的天气，并根据天气情况准备必要的物品，同时，要合理安排外出的时间，避免时间太长。

（2）雨雪天、雾天、大风寒冷天气，炎热季节最好不宜外出活动；如必须外出护理人员要陪同前往，并要时刻保证其安全，同时，要携带避雨用具。

（3）有心脑血管疾病的老人，外出时应带上心脏病保健药盒和相关的药物；行走要相对缓慢。

（4）要注意交通安全，行走不宜过急。乘车时要坐（站、扶）稳，护理人员若跟随老人，要注意妥善照护。

（5）护理人员若陪同老人外出，应依老人的心态与其闲谈，使其心情舒畅；老人若有心事，应设法为其解忧。

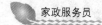

四、老年人就诊的注意事项

人到老年，身体各脏器功能均有所下降，躯体方面或轻或重伴有一些慢性疾病，有的也许已经被发现，但也有许多潜在的疾病未被发现，所以，坚持定期的医疗诊治是很必要的。

（1）就诊时要备好疾病诊疗本、医疗证或保健卡或合同医院的挂号证以及足够的钱。

（2）康复检查时应备好以往的检查报告单或病历等。

（3）有心、脑血管病患者应带上心脏病保健药盒及相关的药物。

（4）出门前应根据季节变化穿戴好，必要时戴口罩，以防止传染病。

（5）行走要平稳，切勿匆忙，过马路，要左右看，确定安全后再通过。

（6）注意行走路线及沿途标志和方向，避免迷路。

（7）到医院后，先安排病人坐稳休息，再去为老人挂号。

（8）就诊时可协助老人诉说病情，告知医生老人近日的饮食，睡眠用药等情况，注意记录医嘱。

（9）老人经诊治结束后，护理人员应先安排老年人坐好休息，再去划价、交费和取药，若需要住院或一些特殊情况的医嘱，应尽快通知其家人。

五、老年人洗澡盥洗的注意事项

老年人因皮肤的自洁力、保护机能下降，因此，应保持良好的生活卫生习惯；另外，由于老人行动多较迟缓，所以，护理员每天晨晚间应协助老人盥洗，为老人准备好盥洗用具，如牙刷、牙膏、香皂、毛巾等，为老人准备好盥洗用水等；对于行动不便的老人除要为其准备好盥洗用品外，同时，要协助老人洗脸、洗手、洗脚或洗澡。老人洗澡应注意：

（1）老人要早晚洗脸、刷牙，每晚擦身、洗脚，每周要洗澡 1~2 次，洗头 1~2 次。

（2）护理人员每天晨晚间应协助老人盥洗，为老人准备好盥洗用具，如：牙刷、牙膏、香皂、毛巾等，为老人准备好盥洗用水等。

（3）对于行动不便的老人除要为其准备好盥洗用品外，同时要协助老人洗脸、洗手、洗脚或洗澡。

（4）洗澡水温不能过高。水温以 35~40℃ 为宜。

（5）忌空腹洗澡。空腹洗澡易引起低血糖性休克。

（6）忌饭后就洗澡。因进食时，胃肠消化液分泌增加，胃肠血也供应减少，致回心血量增加，从而导致心脏负担加重，易诱发心脏疾病。

（7）忌每天洗澡。每天均洗澡将促使机体抵抗力下降，易引发感冒等病症。

（8）洗澡时忌突然蹲下或站立。易致脑缺血、缺氧，从而会导致休克，甚至脑出血发生。

第二节　婴幼儿的生活护理

一、婴幼儿的饮食

通常来说，1~3 个月婴幼儿的主食是奶，在这一过程中，可以根据婴儿生长发育的需要适当添加辅食；4~6 个月的婴幼儿，可适当添加菜泥、面片等易消化的食品，为逐步向普通饮食过渡打下基础。

1. 婴幼儿奶粉的调配

（1）工作准备。洗净双手，准备奶粉、奶瓶（包括奶嘴、瓶盖）、塑料刮刀、奶粉用勺、量杯、温开水、热开水等。用煮沸消毒法对奶瓶、奶嘴、瓶盖、塑料刮刀、奶粉用勺、量杯等用具进行彻底消毒；也可以将奶瓶、奶嘴、瓶盖、塑料刮刀、奶粉用勺、量杯等用具用热开水浸泡10分钟左右，也可以达到基础清洁消毒的目的。

（2）调配奶粉。

①奶瓶中先放入60℃左右的温开水200毫升左右（使用洁净的只沸煮一次的开水晾凉，详细用水温度可参照奶粉使用说明要求进行调节）。

②将一定量的奶粉放到奶瓶中先让其自然溶解，然后搅拌使其彻底溶解（具体用量随孩子的年龄和奶粉的品牌的变化而变化，奶粉包装袋上均有详细说明，使用前应认真阅读并遵照执行）。

（3）储藏奶粉。奶粉用后要及时盖好奶粉瓶（盒）盖或扎好袋口，储藏于避光、相对干燥的地方或冰箱保鲜层内。

（4）调配奶粉的注意事项

①掌握顺序：调配奶粉要先放水，且水温应保持在60℃左右，然后再放入适量的奶粉。

②清洁卫生：操作者双手要清洗干净，不要用口气为调配好的奶水降温；调配奶粉的用具要先清洁消毒。

③温度适宜：严格按照奶粉食用说明上要求的水温去调配奶粉，一般多在60℃左右；调配奶粉的水温一定不能是开水，因为，水温过高，会使奶粉中的乳清蛋白产生凝块，影响消化吸收。

④配置适量：严格按照奶粉食用说明的要求调配奶粉；一次成品奶水应控制在250毫升左右。水的添加要符合要求，水分太

多则营养不足，水分太少则有可能会导致幼儿脱水。取奶粉时要自然松散地装入量匙，用刮刀刮平即可，不必挤压奶粉。

⑤调配均匀：奶水调配好后要非常均匀，不能有奶块，以避免堵塞奶嘴。

⑥及时食用：奶水调配好后，只要温度适宜应尽可能当时食用，以减少储存质变的机率。

2. 给婴幼儿喂奶

（1）抱起孩子，找一个比较安静、舒适的场所坐下，将孩子以坐位形式置于股骨处，使孩子的头部正好落在你的肘窝里，同时用前臂支撑起孩子的后背，使孩子呈半躺的姿势，但不是让孩子平躺下，以保证其呼吸和吞咽安全。

（2）拿起奶（水）瓶，并用奶（水）瓶嘴轻碰孩子的嘴，待其张开嘴后就顺势将奶头轻轻的放进孩子嘴里。奶头不能插得过深，奶（水）瓶与孩子的脸要形成一个倾斜的角度，以保证奶嘴中始终充满奶水。

（3）喝奶的过程要以愉快的心情对待孩子，应面带微笑、亲切地看着孩子，边喂边轻轻地对孩子说说话或唱唱歌，应尽量让孩子处于轻松、自然、愉快的状态下喝奶。

（4）孩子吃饱后，要将孩子抱起并轻轻地拍打其后背。每次喂奶（水）后应把孩子以站立方式抱起来，让他靠在您的肩膀上，用手轻轻拍打其背部数下，使其能够打一个嗝，使吃奶时吸入的空气被排出，可以避免婴儿溢乳。如果吸入空气较多，而又不能排出，则可在他的腹部轻揉几分钟，待有气泡在胃里"咕噜、咕噜"作响时，再拍拍他的背部，空气就会排出来。喂奶（水）后不要过多晃动婴儿，最好让其以右侧卧位姿势睡一会。

（5）喂奶的注意事项。

①喂奶（水）时应该注意孩子的安全，要将婴儿抱紧，防止其从你的怀里滑落。要尽可能让孩子能够紧贴你的身体，让孩

子能够闻到你身上的气息，从而增加孩子的安全感。

②喂奶前要先滴几滴奶水在你的手腕内侧，试一试奶水的温度，以你感到不烫、不凉的状态喂给孩子。

③奶（水）瓶要倾斜，使瓶颈始终充满奶（水），从而避免婴儿吸入太多空气；并保证孩子能够充分的含吮奶嘴。

④奶嘴孔的大小要适当，如果奶嘴孔太小，孩子吸着会很累；如果奶嘴孔太大婴儿又会呛着；以每分钟能够自然流出3滴奶水的速度较为适合新生儿。

⑤婴儿吃完奶（水）后要将其抱起放在肩头轻拍其背部，使其吐出过多的空气，从而避免溢乳。

⑥给孩子喂完奶（水）后要将奶瓶内外彻底冲洗干净，以免滋生细菌，并要定期消毒。

3. 婴幼儿主辅食的制作

给婴幼儿添加主辅食，应根据孩子的消化能力逐步增加，添加量要由少到多，由稀到稠。一般婴幼儿的主辅食种类及制作方法如下。

（1）菜水。将1碗水煮沸，加入1碗绿叶蔬菜（常用菠菜、油菜、芹菜等），煮5分钟后，停火再焖5分钟，然后将菜叶取出，菜水就做成了。还可在菜水中稍加点盐或糖。

（2）番茄汁（西红柿汁）。取番茄一个，洗干净后用开水烫2~3分钟取出。用清洁过的手将番茄皮剥掉放在一块清洁的纱布中。提起纱布四角，用汤匙压挤，将番茄汁挤在碗中。加少许糖和凉白开水后就可喂给孩子。

（3）果汁。将新鲜水果洗净后用开水烫一下，再用压榨器或汤匙将果汁挤出。可加凉开水冲淡后喝。

（4）菜泥。将新鲜青菜洗净，放入沸水中煮10~15分钟（煮烂），然后用干净的筛过滤，除去渣滓，筛下的泥状物，就是菜泥。将再菜泥放入油锅内急炒片刻加盐即可。

（5）水果泥。主要用香蕉或苹果制作。方法是用汤匙刮成泥状。注意刮泥的汤匙要消毒。刮时要仔细，以免不小心刮下块状的水果给孩子吃后出现危险。

（6）猪肝泥。将猪肝洗净，切开，在切口处用刀轻轻地刮，刮下的泥状物即为肝泥。可将肝泥放入油锅中，加少许葱和料酒去腥，熟透后再加点盐即可；还可将肝泥煮熟后拌入粥内一起食用。

（7）肉末菜粥。将大米或小米淘洗干净，放在小锅内，加水用旺火烧开后，转成微火煮透，熬成粥。再将油倒入锅内，放入肉末炒散，加入葱、姜末和酱油炒匀，投入已切碎的绿叶青菜炒几下，然后将炒好的肉菜放入米粥中，稍放点盐，一同熬煮一下即可。

（8）豆腐米饭。首先将大米淘洗干净，放入碗内加入清水，上笼蒸成软饭待用。然后将豆腐放入开水中煮一下，捞出切成末。将青菜择洗干净并切成末。最后再把米饭放入一小锅中，加入肉汤一起煮，待米饭煮软后加入豆腐和青菜末，稍煮一会即可。注意：饭要软烂，菜要切碎。青菜可以是菠菜、油菜、芹菜等绿叶蔬菜。

4. 给婴幼儿喂饭

（1）选择固定的喂饭地点坐好。

（2）给孩子围上围嘴，轻轻缓慢喂食。

（3）喂饭时成人一定要耐心细致，不要催促孩子。大人和孩子都应该精力集中，养成良好的进餐习惯。

（4）孩子吃饭时，不要逗引孩子发笑，不能将勺送到嘴里太深，不能在孩子一口没咽下时又喂一口，否则容易呛着或噎着。

温馨提示

不要在孩子哭时或哭后马上吃饭，也不要在孩子吃饭时批评或责备孩子，否则，会影响婴幼儿食欲以及对食物的消化吸收。

5. 给婴幼儿喂水

婴幼儿在 6 个月前可用奶瓶喂水，6 个月后就可以引导其用杯子喝水。开始时最好用有饮水口的杯子，慢慢地再用普通的杯子。可先由成人拿着杯子，一点一点地喂进。大约到 10 个月时，可慢慢练习让婴幼儿自己拿杯喝水。

二、婴幼儿的起居

（一）给婴幼儿穿脱衣服

1. 衣物准备

准备好要更换的衣服，并按穿脱的先后顺序一一摆放好，关好门窗，避免对流风吹到孩子。

2. 脱衣服

（1）脱上衣。

①脱上身的开襟衣物：

a. 让孩子坐在你的腿上，先脱下一侧衣袖，然后将衣服从孩子的身后转到另一侧脱下。

b. 让孩子躺在床上，先脱下一侧衣袖，然后将孩子侧翻转至另一侧；然后将衣服塞到孩子的身下，再将孩子翻转过来脱下另一侧袖子即可。

②脱套头衣服：

a. 先将衣服的下摆向上卷至胸部。

b. 一只手拽住孩子的袖口并向上提起；另一只手从孩子的衣服下摆伸进去，直至肩部，然后再拐到袖子里，轻轻地将孩子的胳膊从袖子里拽出，放在胸前，袖子被脱下。

c. 同样的方法为孩子脱下另一侧袖子。

d. 拽住衣服的下摆将衣服卷成一个圈，撑着领口从前面穿过孩子的前额和鼻子，再穿过头的后部脱下衣服。

（2）脱裤子。

①孩子坐在你的腿上脱裤子：一只手从孩子的背后环绕至孩子胸前，将孩子轻轻的托起；另一只手松开孩子的腰带，轻轻地将裤子拽下即可。

②孩子站立脱裤子：让孩子趴在你的肩上，你的一只手将孩子环抱住，同时，用你的肩膀之力将孩子轻轻托起，使其脚稍微离开地面；另一只手解开孩子的腰带，然后拽住裤腰轻轻地将裤子脱下。

③孩子坐着脱裤子：先让孩子站起来，解开腰带，将裤子脱至臀下，让孩子坐下；你的一只手从孩子后背环绕到孩子胸前扶稳孩子，然后抓住裤腰将裤子轻轻的脱下。

④孩子平躺于床上脱裤子：解开孩子的腰带，抓住裤腰将裤子脱至孩子的臀部，然后一只手将孩子的臀部托起，另一只手拽住裤腰将裤子脱到臀下；放下孩子的臀部，拽住裤脚轻轻地将裤子脱下。

3. 穿衣服

穿衣服采用与脱衣服相反的方法即可。

4. 注意事项

（1）整个过程均要动作要轻柔，避免弄伤、弄疼孩子。

（2）穿脱套头衫时要注意不要让衣服领口触及孩子的面部，尤其是眼睛。

（3）脱衣服时要先脱鞋子，再脱下身的裤子和尿布，然后为孩子穿上干净的裤子再脱上身的外衣、内衣等，最后穿上衣。

（4）脱套头的衣服，要先脱下袖子，然后将衣服卷成一个圈，撑着领口从前面穿过婴幼儿的前额和鼻子，再从头的后部脱下衣服。

（5）穿套头衣服时先将衣服卷成一圈，撑着领口，先从脑后再从前面套下来，注意别碰着孩子的前额和鼻子，然后再分别穿上两侧的袖子。

（二）给婴幼儿洗澡

1. 洗澡准备

应先调节好浴室温度，使浴室温度达到 24℃ 左右；同时，准备好洗澡水和干净衣物，将要换的干净衣服、尿布、尿垫、浴巾、小毛巾、婴幼儿浴皂、洗澡盆、防滑垫等物品全部要准备好。

2. 给孩子洗澡

（1）洗澡盆内先放入适量凉水，然后再放入热水，使洗澡水保持在 38~40℃。

（2）如果孩子能够自己坐着洗澡，可在洗澡时给他一些能在水中玩的玩具，如干净的小鸭子、海绵、小水杯等，既增加孩子的洗澡兴趣，又能帮助他们进一步认识各种物体的特性。

（3）脱去孩子身上的脏衣物，开始洗澡。

（4）给 6 个月以内的幼儿洗澡方法与新生儿基本相同；洗澡时，要将孩子托起放在你的前臂上，孩子臀部夹在你的腰部，使其头向前，脸向上，托住孩子的头及肩；详细方法可系统学习给新生儿洗澡方法。

（5）6 个月以上的婴幼儿可坐在澡盆里洗澡，澡盆底部要放置防滑垫；如果澡盆较大，护理人员要将手从孩子的腋下穿过将孩子轻轻地环抱在怀里，以防孩子滑倒。

（6）用小毛巾蘸温水将孩子的头发充分淋湿，然后在孩子的头发上适当涂些婴幼儿洗发液轻轻搓洗干净，再用温清水冲洗干净，擦干头发，洗头即告结束。

（7）将孩子放在干净的温水中，用你的前臂托住其上身，一只手抓住其臀部，使小儿在浴盆中呈半躺姿势，然后用另一只手持小毛巾沾温水洗颈部、腋窝、胸腹部、上肢、下肢；然后再将婴幼儿翻过来，使其趴在你的前臂上，洗后背和臀部。必要时可在孩子身上适当涂些婴幼儿皂或沐浴液以助清洁，经过这样擦洗干净后，再用温水将孩子身上的肥皂沫或沐浴液冲洗干净即可。

（8）孩子身体冲洗干净后将其从水中抱出放在干净的浴巾上，从头到脚迅速擦拭干；如果是冬天可以给孩子身上适当涂抹一些润肤露，如果是夏季可以孩子身上，尤其是皮肤皱折处要拍些爽身粉；孩子肛门周围可适当抹些5%鞣酸软膏，随后迅速穿衣包好。

3. **注意事项**

（1）给孩子放洗澡水时必须先放凉水，然后再往凉水里加热水，边加热水，边测试水温，必要时可以用温度计测试水温，以防止发生烫伤。

（2）洗澡时动作一定要轻柔、迅速；洗澡时应注意观察孩子全身有无异常，若发现异常应及时就医。整个洗澡过程必须控制在20分钟之内。

（3）当孩子有发热，腹泻，呕吐、烫伤、荨麻疹等病时不宜洗澡；孩子刚吃完奶或空腹时不宜洗澡；孩子生病或退热不足两天的不宜洗澡。

（4）必须洗干净重要部位。婴幼儿的耳后、脖子、腋窝、大腿内侧、外阴等部位一定要清洗干净。

（5）婴幼儿在水里时，你一刻也不能离开，哪怕是一秒钟。

（6）洗澡过程中动作要轻柔，护理人员不要留有长指甲；要防止水和肥皂液（沐浴液）进入孩子的耳、鼻、眼等处；如不小心孩子耳、鼻或眼内浸入了洗发液或沐浴液可以小心地用清洁的水冲洗干净即可。

（三）抱领婴幼儿

1. 抱婴幼儿

（1）将一只手轻轻地插入孩子的颈后，以支撑起孩子的头部，另一只手放在孩子的背和臀部，以托起孩子的下半身，然后双手要同时轻柔、平稳地把孩子抱起。

（2）把孩子抱起后，将孩子的头放在肘弯处，使孩子的头部略高出身体的其他部分，双手在孩子的背及臀部叠在一起，交叉至手腕。

（3）放下孩子的姿势与抱起孩子时的姿势基本一样，要轻柔、平稳。

（4）注意事项。

①抱起或放下孩子时，动作要轻柔、平稳、缓慢。

②抱3个月以内孩子时要注意扶好孩子的头部。

③抱3个月以上孩子时应该注意扶住其背部。同时要抱紧孩子，严防孩子突然发力从你的怀中蹿出。

④严禁抱着孩子从高处向下看风景，尤其不能抱着孩子站在窗前并打开窗户向下看，以免孩子突然发力从你的怀中蹿出。

2. 领婴幼儿

领孩子时要攥住孩子的全手掌，要注意不能过分牵拉孩子的胳膊或突然间使劲拉孩子的胳膊，这样会使孩子的关节脱臼。走路时要顺着孩子的速度，不要让孩子追赶成人的步伐，防止孩子疲劳或被伤害。

（四）更换尿布和照料排便

1. 更换尿布

（1）让孩子平躺在床上。

（2）取下脏尿布，如有大便，可以用脏尿布前部干净的地方先将粪便擦干净。

（3）给孩子擦洗，擦洗时可以用清水，也可以用棉花蘸一点洗液或油脂。

2. 照料排便

（1）应设法掌握婴幼儿的排便规律，排便前的特殊信号。

（2）要逐步养成婴幼儿定时排便的习惯，做到适时把便。

（3）便后要及时清洗臀部，更换尿布。

温馨提示

不要把尿过勤。

不要长时间让孩子坐在便盆上玩耍。

要悉心地观察孩子排便的次数、便的颜色、性状、气味。因为，大便的变化，可能是某些疾病的征兆，应该格外重视。

三、婴幼儿的日常活动

1. 室内活动

（1）婴幼儿床应该有护栏，如果没有护栏，孩子在上面活动时，成人一刻也不能离开。

（2）室内地面不能太滑，不平整或有凸出物，应建议雇主采取补救措施。

（3）房间中的带电装置或器械，都要采取保护措施，如电插座、电线、电扇、电加热器等，最好用桌子、柜子等家具进行遮挡。

（4）房间中的暖气、炉火都要加罩或防护栏。

（5）婴幼儿在爬行或行走时，可能触摸到的家具、物体的边角、把手等应包海绵或厚布。

（6）婴幼儿的床应远离窗户，严禁抱婴幼儿在阳台或窗前向楼下观望，以防失手，出现意外。

（7）不给婴幼儿玩外观有锋利边角、木刺、掉色的玩具。

（8）不给婴幼儿玩破碎、开裂、部件易脱落的玩具。

（9）不给婴幼儿玩体积过小、重量过大、能发出刺耳声音的玩具。

（10）不给婴幼儿玩带有长线或细绳的玩具。

2. 户外活动

（1）应选择平整、安全、干净的活动场所。

（2）应远离池塘、河沟、建筑工地、高压线、马路或车辆多的危险地方。

（3）户外活动时，成人应左右陪护，并在活动中随时告诉孩子简单的安全道理。

3. 带孩子到公共场所

（1）带孩子过马路，如推婴幼儿车，一定要走人行横道，如带会走路的孩子，则应抱起孩子通过马路。

（2）乘车、乘电梯、乘地铁时，要抱起孩子，或拉紧孩子的手。

（3）在商店、公园或集贸市场等人多杂乱的场所，更要抱着孩子，以免走失。

（4）严禁把孩子托付给陌生人看管，也不能将孩子单独留在一处，而大人去做其他事情。

温馨提示

婴幼儿应远离易燃、易碎、锋利的用具和物品，如热水瓶、水壶、杯子、碗、花瓶、火柴、打火机、刀子、剪子、针、别针等，以免烫伤、割伤、烧伤孩子；各类药品及毒品或刺激性的化学物品，如洗头水、洗涤剂、消毒水、杀虫剂也应远离婴幼儿。

四、婴幼儿异常情况的处理

1. 擦伤

擦伤是在婴幼儿身上最经常发生的外伤。表皮擦伤后，可先

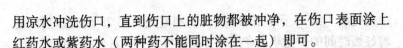

用凉水冲洗伤口，直到伤口上的脏物都被冲净，在伤口表面涂上红药水或紫药水（两种药不能同时涂在一起）即可。

2. 跌伤

跌伤后表皮会擦伤，局部渗血、出血，处理的方法同擦伤。但需要注意：如果孩子跌伤后出现神情呆板、反应迟钝、面色苍白，则可能是内脏或脑子出现了问题，应立刻带孩子去医院，以免延误诊治时机。

3. 轻微烫伤

（1）立即用凉水冲洗或浸泡受伤部位 10 分钟左右；若能将伤处泡在凉盐水中效果会更好。

（2）经上述处理后，可在伤处涂上碱水、鸡蛋清、清凉油或烫伤膏即可。

4. 鼻出血

鼻出血在儿童中较常见，很多原因都可以引起，如鼻黏膜干燥、用手指挖鼻孔、用力擤鼻涕以及鼻外伤等。一旦出现鼻出血，可按下面的方法处理。

（1）马上让其躺在床上。

（2）出血一侧的鼻孔内塞药棉止血。

（3）用湿毛巾冷敷前额和鼻部。

（4）止血后 2 ~ 3 小时内不要让孩子做剧烈活动。

（5）如果上述方法处理无效，应立即去医院诊治。

第三节　孕产妇的生活护理

一、孕妇的护理

1. 孕妇（妊娠期）生理变化特点

妊娠分为早、中、晚 3 个阶段。早期妊娠为妊娠 12 周以前，中期妊娠为第 13 周至第 27 周，晚期妊娠为第 28 周及以后。随着妊娠时间的变化孕妇在生理方面亦将发生一系列的变化。

（1）停经。凡已婚育龄妇女，平时月经正常，突然月经过期 10 日以上，均应考虑到妊娠的可能。

（2）早孕反应。约半数妇女停经 6 周左右，出现不同程度的恶心、厌油、食欲缺乏、呕吐、头晕、乏力等症状，自 12～14 周后症状便会自动消失。

（3）尿频。早期妊娠，若增大的子宫呈前位，可压迫膀胱而出现尿频。

（4）乳房变化。于妊娠 8 周以后，乳房增大且感胀痛，乳头亦疼痛并着色。

（5）胎动。一般妊娠 18 周后，孕妇可自感胎动，妊娠月份越大，胎动越明显。

（6）基础体温测定。具有双相型体温的妇女，停经后体温升高持续 18 天以上不下降者，早孕的可能性大；如体温升高持续超过 3 周，则早孕的可能性更大。

（7）生殖器官变化。阴道壁及子宫颈充血、变软、呈紫蓝色，宫体增大；妊娠达 6 周时，子宫呈球形；12 周后子宫底超出盆腔，耻骨联合上可扪及子宫底。

（8）胎体。妊娠 20 周后，可经腹壁扪到子宫内的胎头和胎儿肢体。

2. 孕期（妊娠期）的饮食

（1）要限制饮用含咖啡因的饮品和酒。

（2）避免营养过剩，避免高糖、高脂肪食物。

（3）不要过量摄取维生素 A。食物中猪肝维生素 A 含量最高，孕妇应避免过量进食。

（4）不偏食、不择食。多食五谷类粗粮。孕妇要尽量少吃精制米、面，适当多食用五谷类粗粮，以避免患营养缺乏症。少食品酸性食物。不宜吃热性香料。不要多吃冷饮。不宜摄入过多鱼肝油和含钙食品。孕妇不要随意服用大量鱼肝油和钙制剂。如果需要补充应按医嘱服用。

3. 孕妇的生活起居护理

（1）孕妇着装。孕妇的穿着应以宽大、舒适为主，色调应选择明亮、轻快的颜色，面料最好以吸汗、透气性佳的纯棉比较好，冬季可选择穿着轻而保暖的毛料。

①服装：孕妇体形的变化主要表现在腹部日渐增大，胸围也逐渐增大；孕妇的衣着应以宽大舒适为原则，式样应简单，易穿易脱、防暑保暖、清洁卫生。不宜穿紧身衣裤或紧束腰带。

②鞋袜：孕妇最好穿平跟鞋，用有牢固宽大的鞋后跟支撑身体，鞋与脚要紧密结合，但也不能过紧，以免影响下肢循环。不穿易脱落的鞋，不穿高跟鞋；鞋底要防滑且不能过硬。不穿紧身裤袜。

（2）居住环境。

①居住环境必须整洁、安静、通风好。居室不要求豪华，但要有很好的通风条件，室内要整齐清洁，舒适而安静。

②温度适宜。室内温度最好在 20～25℃，温度过高会使人感到精神不振、头昏脑涨、全身不适；温度过低会影响人的正常工作和生活。

③湿度适宜。最好的空气湿度为：50%～60%。若相对湿度过高，则室内潮湿，易引起消化功能紊乱、食欲下降、肢体关节酸痛、水肿等；湿度过低，会使人口干舌燥、咽喉肿痛等。

（3）孕妇工作注意事项。

①不攀高、不搬抬重物、不过度弯腰。

②少沾凉水，以免感冒。

③不宜太累，以免过累引起流产或早产。

④避免站立太久而引起下肢水肿。

⑤外出路途较短者，最好步行为宜，尽量不骑车、开车、不乘公共电汽车。

⑥注意防止放射线照射，不从事有毒、有害工种的工作。

（4）孕妇居家安全。

怀孕初期与末期可能会出现流产、早产等异常情况，所以孕妇必须特别注意居家和外出的安全，以减少怀孕期间的危险。

①无论做什么事均不能压迫腹部，不可以提重物。

②禁止攀高或踮起脚尖取物。

③上下楼梯时要稍作扶持，一阶一阶的上，并要保持腰背挺直。

④不要弯腰去取地上或低处的物品，应先屈膝蹲下后再取。

⑤不要长时间坐或站，须经常更换姿势，可防止疲劳。

（5）孕妇外出注意事项。

①避免单独外出，孕妇外出时身边最好有人同行加以照顾。

②少去人多拥挤的地方，以免由于空气质量差，出现意外问题。

③如果必须乘车外出，可事先准备塑料袋，以防空气不流通而引起呕吐。

④尽量选择颠簸较少的火车、汽车作为外出短途旅行的交通工具，避免长途旅行。

⑤怀孕末期如果需要外出旅行，最好能够与医生协商，在取得医生的同意并掌握了注意事项后再出行。

⑥孕妇最好不自己驾车外出，如为必须，驾车时间应不超过1小时。

（6）孕妇沐浴注意事项及护理。妊娠后由于汗腺和皮脂腺分泌旺盛，头部的油性分泌物增加，阴道的分泌物也增多，因此，孕妇应当经常洗头、洗澡，勤换衣服。孕妇洗澡最好采用淋浴，而不使用盆浴。

①妊娠后，特别是在怀孕 7 个月后，洗盆浴会将细菌带入阴道，易患传染病和各种炎症。

②采用淋浴不用弯腰，尤其适合妊娠晚期弯腰比较困难的孕妇。

③洗澡时注意要靠墙边站立，注意防滑倒。

④妊娠晚期的孕妇由于活动不便或合并有高血压、水肿等，洗澡时最好有护理人员陪伴，或由护理人员进行擦浴。

⑤洗澡时间不宜过长，洗澡水不宜太热，以免全身血管扩张，而引发晕厥。

（7）孕妇坐、站、走的注意事项。

①正确的坐姿：深坐椅中，后背笔直靠椅背，股和膝关节成直角，大腿成水平位。

②正确的站姿：两腿平行，两脚稍微分开，这样可以使身体重心落在两脚中间，不易疲劳。若站立时间较长，则应将两脚一前一后站立，并每隔几分钟就变换两脚前后位置，使体重落在伸出的前腿上，可以减少疲劳。

③正确的走姿：不弯腰、驼背或过分挺胸；行走时背要直、头要抬起、臀要紧收，保持身体平衡，稳步行走，不要用脚尖走路；可能时可利用扶手或栏杆行走。

（8）运动安全。孕妇通过做适当的运动，可以促进机体的新陈代谢及血液循环；增强心、肺及消化吸收功能；锻炼肌肉的力量，从而保持健康的身体及充沛的精力。适当的户外活动能够呼吸到新鲜的空气，获得充分的阳光，避免维生素 D 的缺乏。

运动量要适当，保证在运动后身心不感到疲劳与紧张。平时骑自行车上、下班者，怀孕后仍可照就，但要留有充分的时间，车速不要过快，避免强烈的颠簸；上、下车时要小心，不要撞击到腹部。也可根据个人爱好选择散步、游泳等运动。

一般在妊娠反应消失后即可开始运动，并应每日进行，运动量可逐渐增加，每次运动时间不宜过长，保持在 30 分钟以内为宜，若感到疲劳，应随时停止运动，不必勉强。妊娠晚期因身体的负担较重，活动不便，散步是最适当的运动；禁止参加带有比赛性质的运动。

二、产妇的护理

1. 产妇的饮食

（1）产褥期的饮食调节在于补偿分娩中的消耗，使身体尽快复原，并保证有充足的乳汁供给婴儿。

（2）产后最初几天，由于体力消耗大，产妇往往食欲较好，常常在不知不觉中吃的过饱，但因休息的时间多，活动少，有时感到饭后不舒服。所以，产后最初几天的饮食最好是清淡、易消化的，每餐不宜吃的过饱。

（3）产后第二和第三天开始，可在饮食中增加蛋白和脂类食品并含大量的水分以促进下奶。食用鸡汤、猪蹄汤、鲫鱼汤，或用海参、鲜贝、蹄筋等多种营养价值高的食品做汤，对滋补身体和促进乳汁分泌十分有利。

（4）产后一周，饮食转为正常，但仍应注意食物中营养成分的搭配。产褥期一般每天需要的热量、蛋白质应比妊娠期增加20%～30%。另外，产后应适当地吃一些水果、鱼虾等营养品，因为水果中含有大量维生素，鱼虾含有多种人体必需的氨基酸，是高蛋白食品，有利于伤口愈合和防止感染。

（5）产褥期饮食中还应注意对泌乳的影响，生、冷、酸、辣食品尽量不吃，坚硬和不易消化的食品尽量不吃。为了克服便秘，应多吃含纤维素的蔬菜和水果，有贫血的多吃含蛋白质和铁的食物。进食量的多少不应以食欲为标准。过多的进食往往容易导致营养过剩，身体发胖；食欲差的则容易出现偏食，导致母体营养不均衡，从而导致母乳的营养成分不足。

2. 产妇的日常生活护理

（1）分娩后一周内的生活起居。分娩后第一周大部分人都在住院，只要按医院的日程安排表生活即可。

①分娩当天：刚分娩后由于心情比较放松、兴奋，但表现最为突出的是疲劳，故产妇最主要的任务就是充分的休养。

当有饥饿感时，可吃些清淡饭菜，忌食辛辣有刺激性的食物。剖腹产妇36小时内不能进食。

由于子宫收缩引起的肚子疼痛，或会阴缝合处的疼痛不能忍受时，要向医生提出，并在医生指导下服药或做适当诊疗。伤口的缝合部位疼痛时，在身体移动时，双膝并拢能缓和疼痛。

没有异常的产妇，自分娩8小时左右在医生指导下，开始下床步行。会阴切开的人，在12小时以后开始。可以自己排尿、排便、处理恶露。此时乳房充血肿胀，将由助产士进行授乳和乳房按摩的指导，试验初次授乳。授乳后有时恶露会增多，这是刺激乳头引起子宫收缩的结果，不必多虑。这时起，产妇要在床上做子宫按摩，对腹部紧张的恢复、肠道的运动、子宫收缩、盆底肌都有益处。腹带和紧腰衣对腹壁迟缓的恢复、促使子宫收缩、保暖、行动等都是最适合的；因此腹带应使用4~6周。此时，施行剖腹产的产妇仍然需要卧床静养，术后36小时可开始适当进食流食。

②分娩后第二和第三天：产妇乳房开始流出丰富的初乳，应尽量让新生儿吸吮；继续进行乳房按摩，以促进乳汁的充分分泌。产妇可适当在室内进行步行，但应以不感到疲劳为限。产妇若非剖腹，自即日起可以进行淋浴；但是，不能进行盆浴。

③第四日、第五日和第六日：一般情况下，在第四或五天缝合的部位要进行拆线。母亲及新生儿要接受全面检查，经检查无异常；第六天便可申请出生证明，领母子健康手册后出院。

（2）出院后第一周。产妇出院后不要过度劳累，不能进行盆浴，可用热水擦浴或用淋浴来清洁身体；有会阴缝合的产妇，在做身体清洁时不能使用肥皂类洗浴用品。继续坚持做乳房按摩、产褥体操。产妇若有发烧、出血或有疼痛异常，应立即到医院就诊。

（3）注意事项。

①产妇在生产过程中由于体力消耗较严重，所以，休养是第一位的；产妇因哺乳的需要，应早日恢复正常饮食，多吃营养价值高的食物。

②会阴部要注意清洁，伤口处要清洁，且不能沾水，严防感染。

③要进行适当的运动，以促进机体恢复。

④接受沐浴、换尿布、授乳、调乳等育儿方面的指导，和家庭计划、出院后的日常生活的指导。

⑤有异常和后遗症的人，应接受有关注意事项的指导并要遵守。

第四节　病人的生活护理

一、病人的饮食

1. 一般饮食的制作

（1）普通饮食。

适用范围：病情较轻，无发热，无消化道疾患，处于疾病恢复期及不必限制饮食者。

饮食原则：营养平衡，美观可口，容易消化，无刺激性的一般食物均可采用，但油煎及强烈调味品应限制。

用法：每日3次，主食、副食（蔬菜、水果、肉食）、汤类均衡搭配。

（2）软质饮食。

适用范围：消化不良，低热，咀嚼不便，老、幼病人和术后恢复期。

饮食原则：要求以软食为主食，如软饭、面条。菜、肉均应切碎、煮烂，易于咀嚼、消化。

用法：每日3次，每两餐之间适当加餐，如软饭、面条（片）、饺子等。

（3）半流质饮食。

适用范围：发热、体弱、消化道疾病、口腔疾患，咀嚼不便，手术后和消化不良等病人。

饮食原则：少食多餐，无刺激性，易于咀嚼及吞咽；纤维素含量少，营养丰富；食物呈半流质状，如粥、面条、馄饨、蒸鸡蛋、肉末、豆腐、碎菜叶等。

用法：每日5~6次，每次的餐量视病人的病情需要而定。

（4）流质饮食。

适用范围：病情严重，高热，吞咽困难，口腔疾患，手术后和急性消化道疾患等病人。

饮食原则：食液状食物，如乳类、豆浆、米汤、稀藕粉、肉汁、菜汁、果汁等，因所含热量及营养素不足，故只能短期使用。

用法：每日6~8次，或每2~3小时1次，每次200~300毫升（一碗），也可根据病人的病情适当加以调整。

2. 特殊饮食的制作

（1）高热量饮食。

适用范围：甲状腺功能亢进、高热、烧伤、产妇、肝炎、胆道疾患的病人。

饮食原则：在基本饮食的基础上加餐两次，如普通饮食者三餐之间可加牛奶、豆浆、鸡蛋、藕粉、蛋羹等；如半流质或流质饮食者，可加浓缩食品，如奶油、巧克力等。

（2）高蛋白饮食。

适用范围：长期消耗性疾病（如结核病）、严重贫血、烧伤、肾病综合征、大手术及癌症晚期病人。

饮食原则：在基本饮食基础上增加蛋白质丰富的食物，如肉类、鱼类、乳类、豆类等。

（3）低蛋白饮食。

适用范围：限制蛋白质摄入的病人，如急性肾炎、尿毒症、肝性昏迷的病人

饮食原则：应多补充蔬菜和含糖量高的食物，维持正常热量。

（4）低脂肪饮食。

适用范围：肝胆疾患、高脂血症、动脉硬化、肥胖症及腹泻的病人。

饮食原则：少用油，禁用肥肉、蛋黄、高脂血症及动脉硬化病人不必限制植物油的摄入量。

二、病人的起居

照料病人的起居，主要是指对病人的全身清洁卫生护理，这样能够使病人感到干净、舒服，改善受压部位的血液循环，预防其他并发症的发生。

1. 晨间护理

（1）晨起操作前先协助病人使用便器排便。

（2）进行口腔护理、洗脸漱口。

（3）洗手、擦背、按摩受压部位，最后梳头。

（4）整理床铺，需要时更换衣服及床单。

（5）开窗通风换气。

2. 夜间护理

（1）进行口腔护理，漱口。

（2）洗脸、洗手、擦洗并按摩背部及臀部。

（3）用热水泡脚。

（4）为女病人冲洗外阴部。

（5）寝前协助病人使用便器。

3. 口腔护理

（1）准备淡盐水、棉球、小镊子、压舌板、干毛巾（或纱布）、吸水管、弯曲管钳、口杯等。

（2）协助病人侧卧或头偏向操作者，取干毛巾围在病人颈下，多余部分覆盖在枕头上，把口杯放在病人口角旁。

（3）观察口腔有无溃疡、出血等情况，以便操作中注意。

（4）用弯曲管钳夹漱口液棉球清洁口唇。

（5）用压舌板轻轻撑开口腔，自内向外擦拭两侧颊部。

（6）擦拭牙齿外面、内面及咬合面，均自内向外、竖向擦洗。

（7）擦拭上腭部，注意不要触及软腭，以免引起恶心。

（8）擦拭舌面、舌下、口腔底部。

（9）帮助病人用吸水管吸漱口液漱口。

（10）擦干面部，撤去毛巾，让病人躺卧舒适，整理床铺。

4. 卧床病人的便溺

（1）准备坐便架、坐便器、35℃的温水、清洁用盆、小毛巾、卫生纸、凡士林软膏等。

（2）为病人创造适宜的排便环境，解除其紧张心理。

（3）病情允许可将病人扶或抱下床，使其坐在坐便架上，架下放坐便器。

（4）如病人不能坐起，协助病人脱裤过膝盖，并使其屈膝，一手托起病人的腰及骶尾部，将病人臀部抬起；另一手将坐便器置于病人臀下。

（5）便后卫生纸擦净病人下身，必要时用温水冲洗会阴及肛门。

（6）一手托起病人腰及骶尾部，将病人臀部抬起；另一手轻轻取出便盆，将病人置于舒适卧位，盖好被服，整理床位，清理杂物。

三、常见病的表现和护理

1. 高血压

（1）表现。①初期无明显症状，仅见头晕、四肢无力，神情倦怠、失眠、心悸；②随着病情发展，可见神情烦躁、头晕眼花、头痛耳鸣、心悸怔忡、面色苍白。③严重时面红耳赤、肢体麻木、头部剧烈胀痛、疲乏无力、恶心呕吐、焦虑烦躁等。

（2）预防。长期服用有效药物，早发现、早诊断、早治疗。

（3）护理。①病人应注意适当休息。②老年高血压病人，不要吃高热量、高脂肪、高胆固醇及高盐的食物。③提醒病人每天坚持服药。④注意观察病人的病情变化，病人突然出现头痛、头晕、恶心呕吐、视力模糊、肢体麻木等症状，就说明出现了高血压危象，应立即送医院紧急救治。出现危急情况时，除立即送医院外，还要马上通知雇主和家庭其他成员。

2. 脑血栓

（1）表现。①初期表现为头痛、头晕、肢体麻木等症状。②严重时可出现头痛、恶心、呕吐、病灶对侧肢体偏瘫、吞咽困难、失语、视觉障碍等症状。

（2）预防。①注意饮食，降低血脂，适当运动，可以促进血液循环和新陈代谢。②饮食应以低胆固醇、低盐、高蛋白、高钾类的食物为主。

（3）护理。①护理急性期病人时要注意保暖，生活环境应安静、舒适。②尽量避免搬动病人，给病人取平卧位，头偏向一侧，头部严禁用冰袋或冷敷。③清醒的病人，要定时喂容易消化、高营养的饮食；意识不清的病人，要给于流质或半流质饮食。④严密观察病情，定时测量体温、脉搏和血压，发现异常及时报告雇主家庭其他成员，并请医生处理。⑤危险期过后，必须每天给病人做晨、晚间护理，定时给病人翻身、按摩，以防发生压疮。

3. 脑缺血（小中风）

脑缺血分为颈内动脉缺血和椎底动脉缺血。颈内动脉缺血表现为一侧手足无力、麻木、一过性失语、单眼视物朦胧或失明；椎底动脉缺血表现为眩晕、复视、吞咽困难、唇舌麻木等。脑缺血的预防和护理方法与脑血栓基本相同。

4. 脑出血

（1）表现。①病人突感头晕、头痛，随即出现语音不清、跌倒等。②继而出现昏迷、嗜睡，反复呕吐，并可吐出咖啡样液体；持续高烧或低热。③病情恶化，出现呼吸快而不规则、脉搏慢而充实、血压升高。④如果出血部位在内囊，则病灶对侧肢体偏瘫、鼻唇沟变浅、舌偏向对侧。⑤如果出血部位在小脑，一侧后枕部疼痛、眩晕、频繁呕吐、步态不稳，多无明显偏瘫，严重时出现昏迷，如不及时救治，死亡率极高。

（2）预防。①经常测量血压，高血压的病人应坚持系统治疗，预防中风。②病人应避免过度疲劳、精神紧张，还应戒烟戒酒。③饮食宜清淡、低脂肪，保持大便通畅。

（3）护理。①急性期：应让病人卧床休息 4 周以上，避免搬动，尤其在发病 48 小时内切忌颠簸。②昏迷的病人，头要偏向一侧，取患侧卧位，保持呼吸道通畅。③加强做晨、晚间护理，定时给病人变换体位并做按摩，动作要轻柔，以防发生压疮。④保持大小便通畅，如有便秘，可给小剂量缓泻药，如番泻叶泡水饮用等。⑤病人的饮食宜清淡，多吃蔬菜、水果和植物油，适量食用蛋类及瘦肉等营养成分较高的食物；忌油腻、辛辣，忌过食咸味和甘甜，忌酒忌烟，忌食鸡肉、鸡汤、羊肉、羊脑。

5. 心绞痛

（1）表现。①面色苍白，表情焦虑。②血压升高或下降。③心率增快或减慢，心律失常，心前区闷痛。④疼痛多发生在体力劳动或情绪激动、饱餐、受冷、吸烟等情况下。⑤持续时间多为1~5分钟。

（2）护理。①马上停止活动，安静卧床休息，注意保暖，室温以20℃为宜。②加强观察，主要观察病人血压、心率、心律、疼痛性质、持续时间等，了解服药的效果。③饮食应低胆固醇、低脂肪、低盐、低糖，还应少食多餐，不宜过饱，不吃辛辣等刺激性食物。④戒烟戒酒，不饮浓茶、咖啡。⑤通知雇主家庭其他成员，及时请医生来家中诊治。

6. 急性心肌梗死

（1）表现。①梗死前多有心绞痛频繁发作或程度加重，疼痛持续的时间长、病人大汗、烦躁不安、濒死感觉，少数病人无胸痛症状。②严重者出现面色苍白或呈青色，皮肤湿冷、脉搏跳动速度加快、血压下降、尿少、反应迟钝甚至昏迷。

（2）急救。①立即让病人就地平卧或就地坐着休息，保持绝对安静，切勿搬动病人。②病人舌下应含服硝酸甘油，有条件的可吸氧。③通知雇主家庭其他成员，及时请医生来家中诊治。

（3）护理。①急性心肌梗死后2周内属高危险期，护理时要特别小心。病人应绝对安静，卧床休息；保持大便通畅；看护人协助病人进食、排便、翻身，减少体力消耗，让心脏得以充分休息。②2周后若病情稳定，在征得医生同意的情况下，病人可以坐在床上，但时间不宜太长。③4周后病人可以在室内进行活动。④病人饮食应清淡，多吃青菜、水果、豆制品，少吃含胆固醇高的食物，如动物内脏、肥肉、巧克力等；不吃刺激性强的食物，如辣椒、白酒；不宜过度饱食；不喝咖啡、可乐等。

7. 糖尿病

（1）表现。多食、多饮、多尿，体重减轻，伴有全身乏力、四肢麻木等。

（2）护理。①病人的生活要有规律，家政服务员要督促病人坚持适当的体力劳动和锻炼。②帮助病人控制饮食，避免肥胖，饮食要定时、定量。③督促病人定期洗澡更衣，预防感染，养成良好的个人卫生习惯。④督促或陪同病人定期到医院检测血糖、尿糖。

8. 危重病人的护理

（1）危重病人不能进食或进食很少，口腔自洁能力差，应加强口腔护理，预防并发症，以消除口臭，促进食欲。

（2）翻身变换体位，活动肢体，以防压疮、坠积性肺炎、肌肉萎缩、静脉血栓等发生。

（3）保持呼吸道通畅，昏迷病人的头偏向一侧，以免唾液积聚、阻碍呼吸。

（4）对意识不清或老年病人要用保护具，防止坠床。

（5）保持大便通畅，必要时进行人工通便。

（6）调节病人的饮食，保证营养。

第七章　家庭宠物植物养护

第一节　家庭宠物饲养

一、宠物狗的饲养

1. 宠物狗的洗浴

小狗的洗澡是生下来 2 个月以后，接种预防针后两个星期以上才开始。室外饲养的狗一年洗 3～4 次，室内饲养的则 20～30 天一次为宜。

狗的皮肤不像人类那样容易出汗，不需要经常洗澡。洗澡前应让它散步，让它排出尿和粪便，然后按顺序进行洗澡。

把小狗放在 36～38℃温水里，先把肛门附近的分泌物消除。把海绵浸泡在稀释几十倍的洗发水里，然后从头部向后把全身洗一洗，之后，用清水把它清洗干净。注意勿让洗头水进入眼睛、鼻子和嘴。

清洗完毕后，让狗将身上的水分抖落，然后用毛巾擦干。长毛狗在擦净体表的水分后，须用吹风机和梳子把毛吹干整理。

2. 宠物狗的饮食

狗的寿命 12～16 年。由于发育期比较短，它所需的营养也是和人类一样，需要经常供应新鲜的水、蛋白质、维生素、脂肪、碳水化合物、矿物质等。

断乳后的小狗，每天喂 4 次。3 个月后则早、中、晚 3 次，6

个月后每天分为早晚 2 次。狗的胃很大，有的成犬只要吃一餐就能得到一天所需热量。狗的食量应视不同的狗而有区别。

喂狗也是"八分饱"为宜。每隔 3 天可让狗啃一些猪、牛骨头，一方面能补充钙质；一方面能强化它的牙齿与骨骼。

喂狗时，应针对狗的体质来喂养，否则容易闹狗病，狗虽然爱吃鸡骨，但因鸡骨烹煮后还是很硬。有时因鸡骨的碎片刺伤了胃或肠黏膜而引起创伤性肠炎。鸡头骨的正确烹煮方法是用高压蒸气锅把头盖骨煮熟，然后切除鸡喙和下颚骨，并把头盖骨压碎，再喂食。

此外鸡骨汤含有大量胶质，可以帮助幼犬骨骼的发育，并能增加造血的作用，对幼犬的发育具有相当好的效果。

二、宠物猫的饲养

1. 宠物猫的洗浴

首先先准备一桶温水，将猫缓慢地由后脚慢慢地浸入水中，期间都必须轻声温柔地夸赞它，并不时地给予爱抚，先不要将水泼至它的头部，慢慢地出其不意地将水轻轻地泼至头部，但不要弄到脸，接着就开始顺着毛向搓揉皮毛，让皮毛完全湿润，之后便将猫抱出水桶，立即以稀释的洗毛精淋在猫的背中线开始搓揉，泡沫不够的地方就再淋一些洗毛精加以搓揉，脸最好不要洗，完全搓揉好之后将猫又浸入水桶的温水中，慢慢地泼水先将头上的洗毛精冲洗干净。

2. 宠物猫的饮食

年龄较小的猫需要富含蛋白质、脂肪、维生素、水、糖类或碳水化合物、矿物质等的食物。一般猫喜食动物性食料，且动物性食料比植物性食料更适合猫的营养需要；新鲜的肉类、鱼类食物最适合猫的口味；营养充足，猫的生长发育就快，身体强壮，对疾病的抵抗力就强。如营养不足，则猫的生长发育便会不良，体重便会减轻、食欲便会下降，皮毛便会杂乱而无光泽。

第二节　花卉树木养护

一、正确选择花卉

家庭养花在数量上应当少而精，在品种选择上应根据家庭的环境条件和个人的爱好，合理地选择花木。室内是人们生活中重要的活动场所，应按下列要求选择花卉。

（1）花卉宜选择阴生或耐阴品种，如万年青、兰花、龟背竹、吊兰、橡皮树、君子兰等。一些观花植物多属于阳性花卉，在室内摆设时应置于向阳处，并经常搬到室外吸收阳光和雨露。

（2）有异味的花木不宜放在室内，如丁香、夜来香等花香会使一些病人产生不良反应，有的高血压、心脏病患者闻到这些香味后有气闷不适的感觉。松柏类植物的香气能降低人的食欲，也不宜在室内摆放过多和过久。

（3）有些花的叶、茎、花的汁液有毒性，在室内摆放要进行适当隔离，尤其要避免儿童接触。一品红、五色梅、夹竹桃、虎刺、霸王鞭、石蒜等毒性较小，只要不随便摘取叶、枝、花、果，一般是不会造成中毒的。培育时应多加注意。

（4）阳台面积较小，风大、干燥，夏季温度高，水分蒸发快，但是光照充足，通风良好，对一些喜光、耐干旱的花卉十分有利。凸式阳台三面外露，光照好，可以搭设花架，种植攀缘花卉，如茑萝、牵牛花、葡萄、五叶地锦等，并可设花架摆放月季、石榴、米兰、茉莉和盆景等。阳台顶部可以悬挂耐阴的吊兰及蕨类植物，阳台后部为半阴环境，可以摆放南天竹、君子兰。凹式阳台仅一面外露，通风条件差，可在两侧墙面搭梯形花架，摆设花木。

（5）卧室布置应当静洁、素雅、舒适。南向卧室光线充足，可选择喜光照和温暖的花卉，如米兰、扶桑、月季、白兰花、金橘、仙人掌类及多肉植物等；东西向卧室由于光照时间短，可选择半耐阴的花卉，如山茶花、杜鹃花、栀子花、含笑、文竹、万年青等；北向卧室光照条件差，温度较低，宜选用君子兰、吊兰、橡皮树、龟背竹、天门冬及山石盆景等。

（6）客厅布置要求恬静、幽雅、大方，应以小巧、典雅为主要特色，可选择米兰、四季桂、茉莉、文竹、佛手、金橘等，墙角可放置观叶植物，如发财树、散尾葵、棕竹、袖珍椰子及蕨类植物等。

（7）有小天井的家庭，可在其中的一角种上紫藤、木香花或金银花等攀缘花木，春夏开花香气四溢。住宅阳台，阳光充足，空气流通，适宜盆栽花木生长，除了盆养一些观叶为主的喜阳花木，如松、柏、衫和观花为主的月季、迎春、扶桑、菊花、石榴等外，还可以选择有沁人香味的盆栽茉莉、米兰、白兰花、小叶栀子花、含笑、珠兰等花木；观果的金橘、四季橘、南天竹、红果树也可种上几盆。

二、花卉树木的养护

1. 花卉的土壤

花卉的土壤应疏松肥沃、排水良好，保水力强，透气性好，有利于花卉根部的生长。

2. 花卉的防病

注意通风透光，合理施肥与浇水，促进花卉生长健壮，以减少和减轻病害。

3. 室内养花注意事项

初春不要急于将花卉搬出室外。

深秋时节不急于将盆花搬入室内，可将花卉移至背风向阳处。

入室后的花卉要注意通风。

第三节　家庭插花知识

一、插花的含义

插花是艺术地将植物的花、枝、叶、果实等插入瓶、盆等器皿，展现出形态美和内涵美的一种室内装饰品。

在台桌案几上放一盆插花，可使居室生辉，令人赏心悦目。插花的艺术性与插花的方式关系极大。

二、插花的方式

插花方式大致有两种。

一种是图案式，着重人工安排，体现人工艺术的美，如三角形插法、弧线形插法、曲线型插法、"L"形插法、放射形插法等。

另一种是自然式，即取自然界最优美的姿势，略加入工修饰，体现自然美，如悬崖形插法、横斜态插法、清疏形插法等。

不论采用哪种方式都要注意造型的优美。有些人不注意插花的艺术性，常常是弄来几枝花随手往瓶里一插了事。这固然也能给居室增加一点美感，但艺术美的程度就差多了。

三、插花的分类

插花艺术一般分两大类，即东方式与欧美式。

东方式插花以我国和日本为代表，传统多用木本花卉，近代受欧美插花的影响，亦采用草本花卉。日本插花艺术源于我国，称之为"花道"。东方式插花以精取胜，特点是采用不对称的伸张，外形多为不等边三角形；花数少，重意境，线条简洁，讲究造型，通过各种自然线条的艺术组合，构成美妙的姿态和诗情画意。

欧美式插花又称西洋插花或西方式插花。通常用唐菖蒲、康乃馨、百合花、郁金香等草本花卉作材料，以盛取胜。结构对称规则，形态多为半圆形、椭圆形、扇形、三角形等几何形状。另一特点是花色艳丽，体大花多，花朵均匀，讲究块面的艺术效果，给人以雍容华贵的感觉，能烘托热烈欢快的气氛。

自然瓶花的剪插，首先要选择好花瓶和花枝，这实际上就是构图。花枝要裁剪得当，与花瓶比例要合适，一般以 3∶1 为好。花枝长度宜参差不齐，如插三枝花，应依次相差 1/3 的长度。主枝应斜插稍曲向上，次枝方向大致相同，横曲伸向瓶外，短枝附于主枝的另侧，以平衡补偿。这样就显得疏密有致，错落有致。插花最忌刻板呆滞，也忌零乱无章。插花时，一定要事先考虑好构图，选择好花枝，注意颜色搭配，而且要锐意创新，切不可拘泥。另外，还应根据居室和需要的不同进行摆设。例如，客厅是接待亲友和家人经常团聚的地方，插花需浓艳喜人，以使人觉得美满、盛情；书房是看书和研究学问的地方，宜清静雅致，插花宜清淡简朴；卧室是睡眠休息的地方，需雅洁、和谐、宁静、温馨，插花可选择雅致、协调并能散发香气的鲜花等。

第八章　安全防范

第一节　个人安全防范

一、个人安全

家政服务员单独在雇主家服务时，不得以任何理由带陌生人到雇主家；如果有人敲门，必须问清情况，认为安全时才开门；如果有人以抄水表、煤气表，维修，替雇主家送物品之类理由想进家门，在无法确定真假时，不妨婉言拒绝，待雇主回来后再说，千万不要轻易开门；晚间一人睡觉时，应拉上窗帘，锁好门。

二、食品安全

选购商品时，一定要到正规的商店采购，同时，必须查看食品的保质期；买回家的新鲜蔬菜含有少量农药残留，应放入清水中浸泡一段时间再烹饪；变质的食物一定要倒掉。

三、出行安全

在大都市中机动车辆多，车速快。各种交通标志、标线繁多复杂。许多人因不懂交通交规或不遵守交通规则，因此，城市交通事故屡屡发生，轻者伤残，重者直接危害人的生命安全。家政服务人员必须要学习了解交通法规。生活在城市中必须遵守交通规则，严守交通信号，服从交通民警指挥，才能确保交通安全。

第二节 家居安全防范

一、家庭防火防盗防意外

1. 家庭防火常识

（1）做饭防火须知。

①用油锅时，人不能离开。油锅起火时迅速盖上锅盖，平稳端离炉火，冷却后才能打开锅盖，切勿向锅倒水灭火。

②油炸食品时，油不能放得太满，搁置要稳妥。

③煨炖各种肉汤时，应有人看管。汤不宜太满，在汤沸腾时应降低炉温或将锅盖打开，防止浮油溢出锅外。

（2）使用液化石油气须知。

①不准使用不符合标准的气瓶，严禁私自拆修或卧放使用。

②不准倒灌钢瓶，严禁将钢瓶倒置。

③不准在漏气时使用任何明火和电器，严禁倾倒残液。

④不准将气瓶靠近火源、热源、严禁用火、蒸汽、热水对气瓶加温。

⑤不准在使用时人离开，小孩、病残人不宜使用，严禁将气瓶放在卧室内使用。

（3）点蚊香须知。

①要把蚊香固定在专用的铁架上：切忌把点燃的蚊香直接放在木桌、纸箱等可燃物上。

②要把蚊香放置在相对独立的地方。

③人员离开后，一定要把蚊香熄灭，免留后患。

（4）停电后防火须知。

①要尽可能用应急的照明灯照明。

②严禁将油灯、蜡烛放在可燃物上或靠近可燃物。

③严禁用汽油代替煤油或柴油做燃料使用。

（5）吸烟须知。

①不要躺在床上或沙发上吸烟。

②不要漫不经心，不管场合，随手乱扔烟头和火柴梗。

③不要在维修汽车和清洗机件时吸烟。

④不要叼着香烟灰掉落在可燃物上，引起火灾。

⑤不要不看场合地点，乱磕烟灰引起火灾。

⑥不要在匆忙时把未熄灭的烟头塞进衣服口袋。

2. 家庭防盗常识

（1）家中不要存放大量现金，存折、信用卡不要与身份证、户口簿放在一起。

（2）钥匙要随身携带，丢失钥匙要及时更换门锁。儿童不能将钥匙挂在脖子上。

（3）离家前要将门窗关好，上好保险锁。

（4）青少年不可随便将生人带到家中。

（5）雇佣保姆要查验其身份证，并到派出所审报暂住户口。

（6）外出开灯，如果你白天外出，要晚上很晚回来或第二天回来，而且家中没人最好在阳台和靠窗的地方开着灯。一般的夜猫子都是看灯光来确定家中是不是有人。而且条件好的，把阳台和靠窗的灯换成节能制的，这样长时间开灯不会浪费很多电。

（7）如果房屋以前曾经租借过，现在如果自己要住了就赶紧换锁，一刻都不能缓。如果现在住的房子是租的，问问房东"前租客住过后是否换过锁？"如没换过与房东商量并换把锁。

3. 家庭意外事故预防

家庭意外事故是导致儿童死亡和成年人受伤的主要原因之一。在许多情况下，只要采取一些简单的预防措施，就可以避免这类意外事故的发生。下面是一些常规性的指导原则。

（1）尽快擦干厨房、浴室和车库地面上溅出的水、油脂和其他液体，以防止滑倒。

（2）使用有防滑垫或者防滑背衬的安全地毯，也可以使用专用双面胶带来固定地毯。

（3）不要把热茶、热咖啡或其他热的液体放在从桌子边缘垂下的桌布上。一旦有人会被桌布绊住，滚烫的液体就可能溅出来。

（4）千万不要在家中放置子弹已经上了膛的枪；枪械和弹药应分开存放。

（5）如果家中有老人或腿脚不便的人，请在浴缸或淋浴间中安装扶手杆。淋浴时，可以坐在凳脚安有防滑垫片的凳子上。

（6）要选择这种梯凳——当人站在最高一级时有扶手可握。攀爬梯凳之前，务必确保梯凳已经完全打开且放置平稳。

（7）老人和儿童常常有被热水烫伤的危险。如果把热水器设定在49℃以下，就能避免这种危险。如果热水器没有温度调节装置，可以用温度计测量出水口的水温。

（8）切勿将电器放置在易入落水中的地方。

（9）站在水中时，切勿触摸电器。

（10）不要把电加热器放在易燃物质附近。

（11）切勿将电动工具上的保护装置拿掉。使用没有保护装置的电动工具，会带来严重的受伤风险。

二、安全用电用气用水

1. 安全用电

（1）家用电器中除了少量电器以干电池作为电源外，绝大多数电器都是使用交流电。交流电是通过导体来传导电流，而所有的金属都能导电，其中铜和铝的导电性能较好，所以，它们被广泛地制成铜导线或铝导线。有些材料几乎是不导电，所以，称它为绝缘体，如塑料、橡胶、干燥木材、纸张等，绝缘体可以用来隔断电流的传输。但绝缘体一旦受潮或老化后，就会失去绝缘作用，同样会发生触电事故。

（2）电器在使用过程都会产生一定的热量，在正常情况下产生的热量是不会影响电器和导线工作的。但如果使用不当或电器出故障时，产生的热量会超过允许的额定值，导致线路中的保险丝熔断，或电路保护装置自动断开（俗称"跳闸"）时，应请专业人员进行检查与维修。

（3）购置家用电器前，应先计算一下家中的电表。家中电器过多用电量太大。会引起过载（超过工作负荷）。特别是夏季家中安装的大功率的制冷设备同时开动，容易发生过载，时间过久容易造成电线老化形成短路，易于发生线路火灾。

（4）电器均应接上接地线，以免漏电伤人。不要擅自加粗熔断丝的直径。严禁用其他金属丝来代替熔断丝。因为，这两种做法均会使熔断器失去应有的保险作用。为了防止电线或电器用具因漏电而造成事故，家庭中应安装合格的漏电保护器。一旦发生触电事故或电器用具起火时，应立即先切断电源，然后再进行抢救。

2. 安全用气

（1）使用灶具前应先进行安全检查。打开总开关，首先检查灶具、管线、截门处有无漏气现象；可以通过嗅觉来发现有无异味，也可靠听觉来感知是否有漏气的声音。

（2）灶具点火时正确方法，使用电子点火的灶具，可直接按动旋转点火器点燃灶具。如用手工点火，应用一手握住灶具开关，一手持点火器具，将点燃的器具对准灶具的火眼，然后，另一只手再按动旋转燃气开关放气，要以火迎气。灶具点燃后再放置炊具。厨房要注意通风，但风力也不可过大，以免风将火焰吹灭，造成气体泄露。

（3）家政服务员在使用煤气灶时，人不要长时间离开厨房，避免风大吹灭火焰，熬粥、煮面条情况发生汤、汁从锅内溢出浇灭火焰等情况，造成气体大量泄露。避免火焰将锅内物品烧干，从而诱发火灾。

（4）家政服务人员不要在灶台上堆放、悬挂物品，特别是易燃物品，火焰的温度很高，如果物品放置的位置太近，时间一长容易将物品引燃造成火灾。

（5）液化气罐的放置，液化气罐应当直立放置在远离火源、热源的地方，要避免高温和暴晒，不能平放或倒放，应避免大力撞击。液化气罐内余气不多的情况下，不要为了节省一点余气，而用热水或其他方法加热液化气罐，这样的做法十分危险，必须严格禁止。

（6）如果发现厨房内有浓厚的液化气味，此时切忌点火，也不要开灯或按动电源开关，以免产生电火花。应先关闭总阀门，然后打开门窗通风，使易燃气体尽快散去。待查明原因后再行使用，以免发生爆燃火灾。

（7）家政服务人员要经常检查灶具、气罐、管道、管路连接处有无漏气现象，检查管线是否老化现象，检查的方法很简单，可用刷子沾肥皂水或洗衣粉水涂抹阀门接口处，如果出现气泡，此处就是有漏气点应及时修理。检查塑料管线有无裂纹、发软发黏等情况，如果发现这类情况，说明管线已经老化应及时更换新的管线。换气罐后重新安装减压阀时，应检查减压阀上的橡胶垫圈是否存在。

（8）如果灶具发生火灾，应首先关闭总开关，切断气源，然后再进行灭火，一般情况，水是灭火的最好方法。如果是液化气罐口发生着火时，可用一块较大的湿毛巾盖在喷火处，然后用手将阀门关住。如果火势较大，必要时可用衣服或被褥对气罐进行捂盖，将空气与气罐隔绝，达到灭火的目的，待没有火焰时立即将气罐阀门关上。注意采用此种方法灭火后，一定要彻底检查衣物、被褥中有无燃点，避免发生死灰复燃。

3. 安全用水

（1）与保姆、看管孩子的人以及管家明确室内可能存在的用水隐患。让他们牢记一系列安全注意事项，告诉客人们如何打开和锁上马桶的坐板安全锁；并且，要强调当小孩在场时，任何时候都不能把过多的水留在马桶和水槽中。加强监管是必不可少的环节。

（2）任何时候都锁上浴室的门。浴室对于一个小孩来说，总是充满着诱惑的。曾经有很多报导，报道过小孩因为贪玩爬进浴缸（有时里面甚至装的是滚烫的热水），因此，终酿悲剧。当你需要洗手或者其他原因而将洗手盆注满水的时候，谨记关上门把锁，保护小孩的安全。必须反复向保姆及相关的人强调这一点。

（3）绝不能将小孩单独留在浴缸里，包括婴儿的洗澡盆。婴儿和刚学会走路的小孩都很容易在浴缸中滑倒，短时间内就可能会发生溺水意外的。另外，这些地点往往成为无声无息的婴儿杀手，因为，婴孩常常无法发出任何声响。因此，把婴孩放在浴缸或婴儿澡盆前，一定要确保所有你需要的东西就在你伸手可及的地方。务必保证照看孩子的亲戚和保姆遵守这些要求。

（4）仔细检查家中通常被认为安全的用水器皿，确保做好了必要的安全预防措施。例如，咖啡桌上打开盖的金鱼缸，或者甚至是一盆养在水中的植物，都是极容易给小孩带来许多不安全因素的。